Ekkehard Kaier

Delphi Essentials

Ausbildung und Studium

Studienführer Wirtschaftsinformatik
von Peter Mertens et al.

**Studien- und Forschungsführer
Informatik, Technische Informatik, Wirtschaftsinformatik
an Fachhochschulen**
von Rainer Bischoff (Hrsg.)

Excel für Techniker und Ingenieure
von Hans-Jürgen Holland und Frank Bracke

Turbo Pascal Wegweiser für Ausbildung und Studium
von Ekkehard Kaier

Delphi Essentials
von Ekkehard Kaier

Pascal für Wirtschaftswissenschaftler
von Uwe Schnorrenberg et al.

Grundkurs Wirtschaftsinformatik
von Dietmar Abts und Wilhelm Mülder

**Datenbank-Engineering
für Wirtschaftsinformatiker**
von Anton Hald und Wolf Nevermann

Einführung in UNIX
von Werner Brecht

Elemente der Informatik
Ausgewählte mathematische Grundlagen für
Informatiker und Wirtschaftsinformatiker
von Rainer Beedgen

Vieweg

Ekkehard Kaier

Delphi-Essentials

5 × Grundlagen und Praxis
der Programmierung
mit Delphi und Object Pascal

Die Deutsche Bibliothek – CIP-Einheitsaufnahme

Alle Rechte vorbehalten
© Friedr. Vieweg & Sohn Verlagsgesellschaft mbH, Braunschweig/Wiesbaden, 1997

Der Verlag Vieweg ist ein Unternehmen der Bertelsmann Fachinformation GmbH.

Das Werk einschließlich aller seiner Teile ist urheberrechtlich geschützt. Jede Verwertung außerhalb der engen Grenzen des Urheberrechtsgesetzes ist ohne Zustimmung des Verlags unzulässig und strafbar. Das gilt insbesondere für Vervielfältigungen, Übersetzungen, Mikroverfilmungen und die Einspeicherung und Verarbeitung in elektronischen Systemen.

Druck und buchbinderische Verarbeitung: Presse Druck Augsburg
Gedruckt auf säurefreiem Papier
Printed in Germany

ISBN 3-528-05559-6

Inhaltsverzeichnis

1	**Ereignisgesteuerte Programmierung**	1
	Oder: Delphi-Komponenten reagieren auf Ereignisse	
1.1	Das erste Projekt in sechs Schritten	2
1.2	Ereignissteuerung versus Dialogsteuerung	4
1.2.1	Elementare Ereignissteuerung	4
1.2.2	Komfortable Ereignissteuerung	5
1.2.3	Dialogsteuerung über Standard-Dialogfenster	7
1.3	Ereignisse bzw. Ereignisfolgen testen	9
1.4	Ereignisketten vermeiden	11
2	**Strukturierte Programmierung**	14
	Oder: Anweisungen kontrollieren Ablaufstrukturen	
2.1	Auswahlstrukturen (Entscheidungen)	14
2.1.1	Anweisungen If und Case	15
2.1.2	Auswahl über CheckBox und RadioButton	17
2.2	Wiederholungsstrukturen (Schleifen)	19
2.2.1	Anweisung While für abweisende Schleife	19
2.2.2	Anweisung Repeat für nicht-abweisende Schleife	21
2.2.3	Anweisung For für Zählerschleife	23
2.3	Unterablaufstrukturen (Routinen)..	26
2.3.1	Unit als Sammlung von Deklarationen	26
2.3.2	Ereignisprozeduren mit Sender-Parameter	27
2.3.3	Prozeduren mit Parametern	30
	2.3.3.1 Wertepaarameter Übergabe "By Value"	31
	2.3.3.2 Variablenparameter Übergaben "By Reference"	31
2.3.4	Funktionen	32
	2.3.4.1 Jede Funktion liefert ein Funktionsergebnis	32
	2.3.4.2 Komponente als Parameter	34
2.3.5	Geltungsbereich von Bezeichnern	35

3 Objektorientierte Programmierung ... 37
Oder: Objektvariablen verweisen auf Instanzen von Klassen

3.1 Drag and Drop (Ziehen und Loslassen) ... 37
3.2 Auf das Canvas-Objekt zeichnen ... 41
3.2.1 Beim Drücken der Maustaste zeichnen ... 41
3.2.2 Beim Bewegen der Maus zeichnen ... 42
3.2.3 Figuren zeichnen ... 44
3.2.4 Bitmap-Objekte betrachten ... 48
3.3 Benutzerdefinierte Objekte ... 51
3.3.1 Grafikobjekte erzeugen und entfernen ... 51
3.3.2 Datenkapselung innerhalb des Objektes ... 53
3.4 TObject als Basis ... 56
3.4.1 Klassenhierarchie von Delphi ... 56
3.4.2 DPR-Projektdatei und Application-Objekt ... 56

4 Listenprogrammierung ... 61
Oder: Ein- und Ausgabe erfolgen als Strings

4.1 Datensätze über eine ListBox verwalten ... 62
4.2 Inhalt einer Liste als Textdatei speichern ... 64
4.2.1 Listenverwaltung über ein Menü ... 64
4.2.2 Textdatei auf Diskette speichern bzw. laden ... 65
4.2.3 Ausnahmefallbehandlung mit Try-Except ... 68
4.2.4 Die Ausgabe an den Drucker senden ... 69
4.3 Datensätze im Stringliste-Objekt speichern ... 70
4.3.1 Permanente Stringliste unter Public deklarieren ... 70
4.3.2 Temporäre Stringliste existiert nur lokal ... 72

5 Datenbankprogrammierung ... 74
Oder: Delphi greift als Front End auf Datenbanken zu

5.1 Zugriff über DB-gebundene Komponenten ... 74
5.1.1 Tabellarische Darstellung aller Datensätze ... 74
5.1.2 Darstellung einzelner Datensätze ... 75
5.2 Zugriff über direkte Programmierung ... 78
5.3 Zugriff kombiniert ... 82
5.4 SQL als Abfragesprache ... 86

Verzeichnisse und Dateien ... 92
Sachwortverzeichnis ... 93

1 Ereignisgesteuerte Programmierung

Ein **dialoggesteuerter Ablauf** könnte folgenden Dialog zwischen Benutzer (Eingabe unterstrichen) und Programm (Ausgabe) zeigen:

> Bitte geben Sie einen Text ein: <u>SC Freiburg</u>
> Ihren Text löschen (j/n)? <u>nein</u>
> Ihren Text gelb einfärben (j/n)? <u>j</u>
> Die drei Schritte nochmals durchlaufen (j/n)? <u>j</u>
> Bitte geben Sie einen Text ein: ....

Das Struktogramm stellt für diesen Mensch-Computer-Dialog drei Entscheidungen dar, die in einer Schleife wiederholt werden:

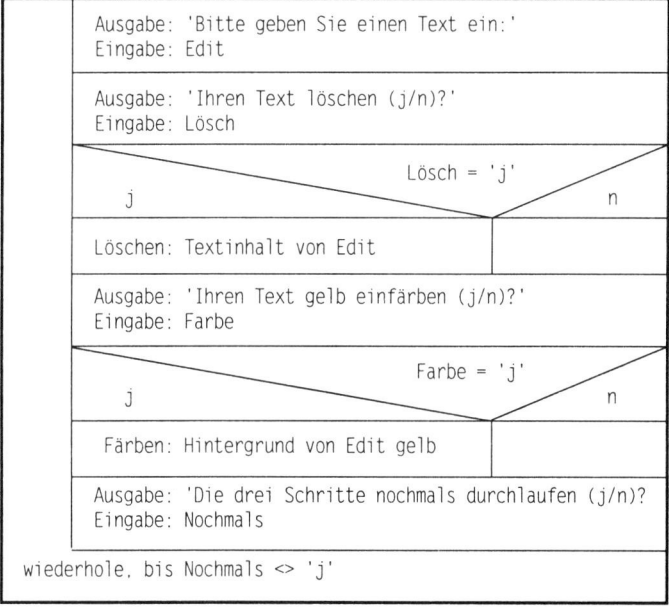

Bild 1-0: Struktogramm zu einem dialoggesteuerten Ablauf mit Schleife

Der zugehörige **ereignisgesteuerte Ablauf** ist in Bild 1-1 wiedergegeben: Der Benutzer gibt seinen Text in ein Editfeld ein und kann durch Klicken auf eine Befehlsschaltfläche das Löschen bzw. Färben des Textes veranlassen. An die Stelle des Eingabezwangs (im Dialog) tritt die Freiheit des Benutzers, *Ereignisse* wie *KeyPress* (Taste) und *Click* (Maus) auszulösen, die ihrerseits dann die entsprechenden Anweisungen aufrufen.

1.1 Das erste Projekt in sechs Schritten

Arbeitsschritt 1: Zielsetzung und Objekttabelle

In einem Editfeld namens Edit1 zunächst den Text 'SC Freiburg' ausgeben, der dann durch beliebige Texteingaben (wie 'HSV spielt auch Fußball') überschrieben und durch Anklicken auf die Buttons "Löschen" bzw. "Einfärben" gelöscht bzw. gelb hinterlegt werden kann.

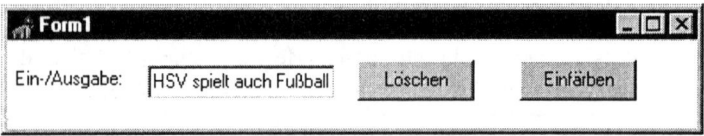

Bild 1-1: Die erste Unit bzw. das erste Formular ERSTUNIT.PAS zur Ausführungszeit

ERSTUNIT.PAS umfaßt also fünf Objekte: Ein Formularfenster und vier Steuerelemente (Controls, Komponenten) auf dem Formular.

Name-Eigenschaft:	Geänderte Eigenschaft:	Ereignis:
Form1		
Label1	Caption:='Ein-/Ausgabe'	
Edit1	Text:='SC Freiburg', Color:=clNone	
Button1	Caption:='Löschen'	OnClick
Button2	Caption:='Einfärben'	OnClick

Bild 1-2: Objekttabelle zu ERSTUNIT.PAS mit vier Komponenten in einer Form

Arbeitsschritt 2: Komponenten zum Formular hinzufügen

Beim Delphi-Start zeigt die IDE (Integrated Development Environment, Integrierte Entwicklungsumgebung) fünf Elemente (Bild 1-3):

(1) *Menü* oben mit Menübefehlen "Datei", "Bearbeiten", ..., "Hilfe".

(2) *Komponentenpalette* mit Registern darunter. Im "Standard"-Register benötigen wir "A" für Label, "ab" für Editfeld und "OK" für Button.

(3) *Formularfenster:* "Form1"-Titelzeile zur Aufnahme der Steuerelemente.

(4) *Objektinspektor* links mit Registern "Eigenschaften" und "Ereignisse".

(5) *Codefenster* unten mit dem Pascal-Quelltext (Source Code).

Eine Editfeld-Komponente aufziehen: In der Komponentenpalette "ab" doppelklicken, um Edit1 als Instanz im Formular erscheinen zu lassen. Dann Edit1 durch Ziehen der acht Anfasser positionieren. Entsprechend durch Doppelklicken auf "A" ein Bezeichnungsfeld namens Label1 sowie durch zweimaliges Doppelklicken auf "OK" zwei Befehlsschaltflächen namens Button1 und Button2 aufziehen.

1 Ereignisgesteuerte Programmierung

Arbeitsschritt 3: Eigenschaften von Komponenten einstellen

Edit1 markieren und im Objektinspektor die Text-Eigenschaft von 'Edit1' in 'SC Freiburg' ändern (Bild 1-3). Entsprechend für die Komponenten *Label1, Button1* und *Button2* die Caption-Eigenschaften in 'Ein-/Ausgabe', 'Löschen' und 'Einfärben' ändern.

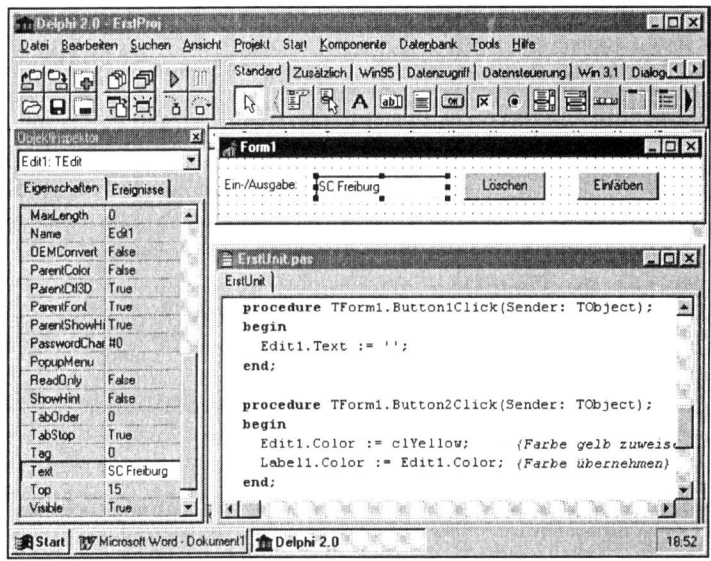

Bild 1-3: Die IDE von Delphi mit Unit ERSTUNIT.PAS zur Entwicklungszeit

Arbeitsschritt 4: Ereignisprozeduren programmieren

Ereignisprozedur Button1Click: Im Formularfenster auf Button1 doppelklicken (alternativ: Button1 markieren und im Objektinspektor im Ereignisse-Register auf das OnClick-Ereignis doppelklicken): Im Codefenster wird der Rumpf einer Ereignisprozedur namens Button1Click erzeugt. Darin die Zuweisungsanweisung

```
Edit1.Text := '';            {Leerstring '' zuweisen}
```
eingeben. Lies: "Text-Eigenschaft von Edit1 ergibt sich einem Leerstring" bzw. "Sichtbaren Inhalt des Editfeldes Edit1 löschen".

Ereignisprozedur Button2Click: Entsprechend die Prozedur zum Einfärben gemäß Bild 1-3 codieren. Die Zuweisung

```
Edit1.Color := clYellow;     {Farbkonstante gelb zuweisen}
```
weist der Color-Eigenschaft von Edit1 die gelbe Hintergrundfarbe zu.

```
Label1.Color := Edit1.Color; {Color-Eigenschaft zuweisen}
```

weist den (gelben) Wert des Color-Eigenschaft von Edit1 dem Bezeichnungsfeld Label1 zu; beide Komponenten erscheinen nun gelb.

Arbeitsschritt 5: Das Projekt ausführen
Über "Start/Start" die Ausführung starten: Die Delphi-IDE wechselt vom Entwurfs- (Bild 1-3) zum Ausführungsbildschirm (Bild 1-1). In Edit1 nun Text eingeben, über Button1 löschen bzw. über Button2 einfärben. Ausführungsende über "Start/Programm zurücksetzen".

Arbeitsschritt 6: Das Projekt mit allen Dateien speichern
Über "Datei/Alles speichern" den vorgegebenen Dateinamen UNIT1 in ERSTUNIT und den vorgegebenen Projektnamen PROJECT1 in ERSTPROJ ändern. Delphi speichert eine Unit ERSTUNIT.PAS und eine Form ERSTUNIT.DFM in der Projektdatei ERSTPROJ.DPR ab:

- ERSTPROJ.DPR als Liste aller am Projekt beteiligten Dateinamen.
- ERSTUNIT.PAS enthält den Pascal-Quellcode (Inhalt des Codefensters).
- ERSTUNIT.DFM enthält das Formulardesign (Inhalt des Formfensters); Delphi verwaltet die zugehörigen Dateien DFM und PAS gleichnamig.

1.2 Ereignissteuerung versus Dialogsteuerung
1.2.1 Elementare Ereignissteuerung
Problemstellung (Arbeitsschritt 1): Nach Eingabe von km und Liter über ein OnClick-Ereignis den Benzinverbrauch berechnen lassen:

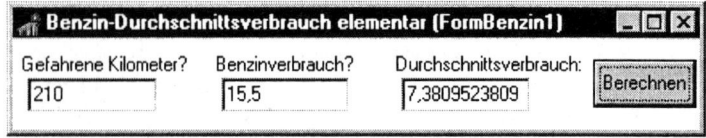

Bild 1-4: Ausführung zu Unit BENZIN1.PAS von Projekt BENZIN.DPR

Komponenten aufziehen (Arbeitsschritt 2): Form mit drei Labels, drei Editfeldern zur Ein-/Ausgabe und einer Befehlsschaltfläche.

Eigenschaftswerte von Komponenten anpassen (Arbeitsschritt 3): Die Name-Eigenschaften von Komponenten ändern bzw. durch sinnvolle Namen ersetzen. Der benutzerdefinierte Name ButtonBerechnen ist besser lesbar als die Vorgabe Button1. *ButtonBerechnenClick* sagt mehr aus als die Vorgabe *Button1Click*.

Name:	Geänderte Eigenschaftswerte:	Ereignis:
Form1	Name:=FormBenzin1	
Label1	Caption:='Gefahrere Kilometer?'	
Label2	Caption:='Benzinverbrauch?'	
Label3	Caption:='Durchschnittsverbrauch:'	
Edit1	Name:=EditKilometer	
Edit2	Name:=EditLiter	
Edit3	Name:=EditVerbrauch	
Button1	Name:=ButtonBerechnen, Caption:='Berechnen'	OnClick

Bild 1-5: Objektetabelle zu BENZIN1.PAS mit vier Komponenten in einer Form

Die Ereignisprozedur ButtonBerechnenClick codieren (Schritt 4):
Die Prozedur umfaßt vier Zuweisungsanweisungen mit Operator ":=".

```
Procedure TFormBenzin1.ButtonBerechnenClick(Sender: TObject);
Var
  km: Integer; Liter, Verbrauch: Real;     {(1) Vereinbaren}
Begin
  km := StrToInt(EditKilometer.Text);      {(2) Eingabe}
  Liter := StrToFloat(EditLiter.Text);     {(3) Eingabe}
  Verbrauch := Liter/km*100;               {Verarbeitung}
  EditVerbrauch.Text:= FloatToStr(Verbrauch) {(4) Ausgabe}
End;
```

(1) **Vereinbarung von drei Variablen:** Für die Variable km den Datentyp Integer (ganze Zahlen) und für die Variablen Liter und Verbrauch den Datentyp Real (Dezimalzahlen) vereinbaren bzw. deklarieren.

(2) **StrToInt-Funktion** wandelt den String- bzw. Textinhalt '216' des Editfeldes EditKilometer (also die Text-Eigenschaft von EditKilometer) in die Ganzzahl 216 um. km:=216 weist dann 216 in die Variable km zu.

(3) **Eingabestring in Variable Liter zuweisen:** StrToFloat-Funktion wandelt den String '15,5' von EditLiter in die Real-Zahl 15,5 um.

(4) **Ausgabestring in EditVerbrauch zuweisen:** FloatToStr-Funktion wandelt die Dezimalzahl 7.380952380 in den String '7.380952380' um.

1.2.2 Komfortable Ereignissteuerung

Problemstellung zu BENZIN2.PAS: Identisch zu BENZIN1.PAS (siehe Bild 1-4 und Bild 1-6), aber mit größerem Bedienkomfort.

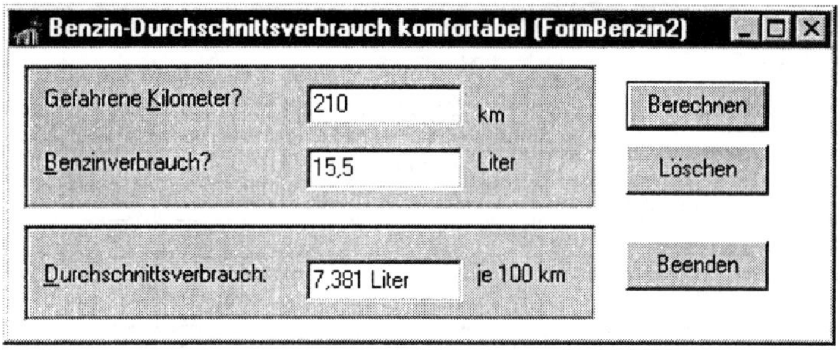

Bild 1-6: Ausführung zu Form BENZIN2.PAS von Projekt BENZIN.DPR

Zwei Bedienfelder (Panel-Komponenten): Panel1 und Panel2 aufziehen zur optischen Gliederung von Eingabe (km, ltr) und Ausgabe. Panels als Container (Panel mitsamt seinen Komponenten bewegen).

FormCreate-Ereignis zur Aufnahme von Initialisierungscode: Das Ereignis tritt auf, sobald die Form erzeugt bzw. angezeigt wird.

```
Procedure TFormBenzin2.FormCreate(Sender: TObject);
Begin
  ButtonBerechnen.Default := True;     {(1) Return-Taste}
  ButtonBeenden.Cancel := True;        {(2) Esc-Taste}
  EditKilometer.TabOrder := 0;         {(3) Tab-Taste}
  EditLiter.TabOrder := 1; EditVerbrauch.TabOrder := 2;
  ButtonLoeschenClick(Sender);         {Aufruf Ereignisprozedur}
End;
```

(1) Default-Eigenschaft für ButtonBerechnen setzen, um ein Click-Ereignis für den Button auszulösen, sobald die Return-Taste gedrückt wird.

(2) Cancel-Eigenschaft für Editfeld ButtonBeenden setzen, um über die Esc-Taste die Ereignisprozedur ButtonBeendenClick auszuführen.

(3) TabOrder-Eigenschaft gibt die Reihenfolge an, in der Steuerelemente durch Drücken der Tabulator-Taste nacheinander den Fokus erhalten.

Ereignisprozedur aufrufen (zwei Arten): ButtonLoeschenClick aufrufen, sobald das Click-Ereignis für ButtonLoeschen auftritt. Alternativ ein Ereignis durch Hinschreiben des Prozedurnamens (mit Sender als Parameter) aufrufen – wie oben in Prozedur FormCreate.

Ausgabeformatierung mittels FormatFloat-Funktion: Eine Zahl gemäß Formatstring '#,##0.000 Liter' in einen String umwandeln.

```
Function FormatFloat(Const FS:String; Zahl:Extended):String;  {allg.}
Platzhalter: Ziffer #, 0 oder Ziffer 0, Tausenderkomma bzw. Dezimalpunkt.
EditVerbrauch.Text := FormatFloat('#,##0.000 Ltr',Verbrauch);  {Bsp}
```

FocusControl-Eigenschaft verknüpft Label mit Editfeld: Das Editfeld EditKilometer läßt sich über die Tastenkombination Alt/K erreichen (Bild 1-6). Dazu zur Entwurfszeit für Label1 als Caption 'Gefahrene &Kilometer?' eingeben: & bewirkt das Unterstreichen des Folgebuchstabens K. Dann für die FocusControl-Eigenschaft von Label1 das Element EditKilometer auswählen. Nun geben die Tasten *Alt/K* den Fokus an EditKilometer (Fokus als Fähigkeit, eine Eingabe vom Benutzer entgegenzunehmen).

Close-Methode zum Schließen des aktiven Fensters: Da dies das Hauptformular ist, werden alle Fenster geschlossen bzw. die Projektausführung insgesamt beendet. Alternative: Die Halt-Prozedur beendet das Projekt an jeder Stelle.

```
Procedure TFormBenzin2.ButtonBeendenClick(Sender: TObject);
Begin
  Close;                    {die Ausführung beenden}
End;
```

Projekt BENZIN.DPR mit zwei Units: Welche der Units BENZIN1.PAS (Name-Eigenschaft FormBenzin1) und BENZIN2.PAS (Name-Eigenschaft FormBenzin2) wird über "Start/Start" geöffnet? Die Unit, deren Name-Eigenschaft über den Menübefehlsfolge "Projekt/Optionen/Hauptformular" als Hauptformular angegeben worden ist.

1.2.3 Dialogsteuerung über Standard-Dialogfenster

Delphi bietet die Funktion InputBox und die Prozedur ShowMessage an, um über ein vordefiniertes Dialogfenster (Dialogbox, Formular) eine Benutzereingabe zu erzwingen bzw. eine Meldung auszugeben.

Bild 1-7: Ausführungsstart zu Unit BENZIN3.PAS von Projekt BENZIN.DPR

Problemstellung zu Unit BENZIN3.PAS: Die Eingabe über InputBox-Dialogfelder erzwingen und die Ausgabe über ein ShowMessage-Dialogfenster anzeigen.

Die Ereignisprozedur ButtonBerechnenClick führt eine InputBox-Funktion aus, die das Dialogfenster von Bild 1-8 anzeigt.

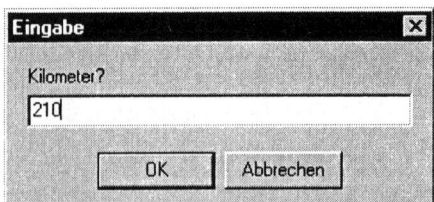

'Kilometer?" als Frage.
Stets zwei Buttons.

Bild 1-8:
InputBox-Dialogfenster

Nach der Eingabe von 10,5 Litern über die zweite Inputbox erscheint folgendes durch die ShowMessage-Prozedur erzeugtes Dialogfenster:

Meldungstext zweizeilig codiert.
Stets ein Button.

Bild 1-9: ShowMessage-Dialogfenster

```
Procedure TFormBenzin3.ButtonBerechnenClick(Sender: TObject);
Const                                      {(1) Konstante CrLf}
  CrLf = Chr(13) + Chr(10);
Var
  kmStr: string; km: Integer; Liter, Verbrauch: Real;
Begin
  kmStr := InputBox('Eingabe','Kilometer?','');  {(2) Eingabe}
  km := StrToInt(kmStr);
  Liter := StrToFloat(InputBox('','Liter?','10'));
  Verbrauch := Liter/km*100;
  ShowMessage('Durchschnittsverbrauch:' + CrLf + {(3) Ausgabe}
              FloatToStr(Verbrauch) + ' Liter/100 km');
End;
```

(1) Konstantenvereinbarung mit Const: Eine Konstante ist ein Nur-Lese-Speicher, dessen Wert zur Ausführungszeit unverändert bleibt. CrLf als Konstante zum Zeilenwechsel (Carriage Return + Line Feed).

(2) InputBox-Dialogfenster zur Eingabe: Den Benutzer über ein Fenster zur Eingabe auffordern und den Eingabestring als Funktionsergebnis zurückgeben. Fenster mit OK- und Abbrechen-Button.

Alternativ liefert InputQuery als Boolean-Funktion True für Ok (Benutzereingabe wird in Value zurückgegeben) oder False für Esc. Siehe Verzeichnis 1-1.

1 Ereignisgesteuerte Programmierung

(3) ShowMessage-Dialogfenster zur Ausgabe: Ein Meldungsfenster mit OK-Button anzeigen. Projektname als Fenstertitel.

(4) MessageDlg-Dialogfenster zur Abfrage: Ein Meldungsfenster anzeigen und den gewählten Button als Rückgabewert liefern:

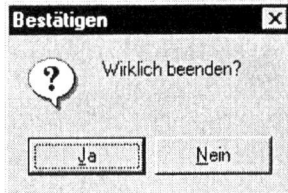

mtConfirmation liefert Fragezeichen.
Zwei Buttons mbYes und mbNo.

Bild 1-10: MessageDlg-Dialogfenster

```
Procedure TFormBenzin3.ButtonBeendenClick(Sender: TObject);
Begin
  If MessageDlg('Wirklich beenden?', mtConfirmation,   {(4) }
              [mbYes, mbNo], 0) = mrYes
    Then Close;
End;
```

```
Function InputBox(Const Caption,Prompt,Default:String):String;
S := InputBox('Paßwort?','Bitte eingeben','?');

Function InputQuery(Const:Caption,Prompt: String;           {allg.}
                Var Value:String): Boolean;
If InputQuery('Paßwort?', '', Eingabe) = True Then ...      {Bsp.}

Procedure ShowMessage(Const Meldung: String);
ShowMessage('Das wars also');

Function MessageDlg(const Msg:String; AType:TMsgDlgType;
          AButtons:TMsgDlgButtons;HelpCtx:LongInt): Word;
AType: mtWarning, mtError, mtInformation, mtConfirmation.
AButtons: mbYes, mbNo, mbOk, mbCancel, mbHelp, mbAbort, mbRetry, mbIgnore,
mbAll, mbYesNoCancel, mbOkCancel, mbAbortRetryCancel.
Rückgabewerte: mrNone, mrOk, mrCancel, mrAbort, mrRetry, mrIgnore, mrYes,
mrNo bzw. mrAll.
Zahl := MessageDlg('Ok?', mtWarning, mbYesNoCancel, 0);
```

Verzeichnis 1-1: Routinen zur Ein-/Ausgabe über Dialogfelder

1.3 Ereignisse bzw. Ereignisfolgen testen

Problemstellung zu EREIG1.PAS: Die Ereignisse Activate, Click, Create, DblClick, Paint, Resize bzw. Show für die Form FormEreig1 und die Ereignisse Change, Click, KeyDown, KeyPress, KeyUp, MouseDown bzw. MouseUp für das Editfeld Edit1 testen.

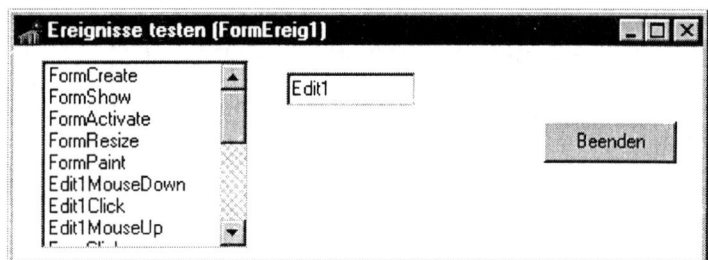

Bild 1-11: Ausführung zu Unit EREIG1.PAS von Projekt EREIGNIS.DPR

- Beim Ausführungsstart werden die Ereignisse Create, Show, Activate, Resize und Paint nacheinander ausgelöst (erster Test in Bild 1-1).
- Beim Anklicken eines Zeichens im Editfeld wird die Ereignisfolge MouseDown, Click und MouseUp gemeldet (zweiter Test in Bild 1-11).
- Ein Zeichen in Edit1 entfernen: KeyDown, Change und KeyUp.
- Backspace-Taste in Edit1: KeyDown, KeyPress, Change und KeyUp.
- Jedes DblClick-Ereignis löst zunächst auch ein Click-Ereignis aus.
- Jede Größenänderung löst die Ereignisse Resize und Paint aus.
- Das Verkleinern auf Symbolgröße wird nur mit einem Paint quittiert.
- Das Bewegen der Maus löst eine Vielzahl von MouseMove-Ereignissen aus; deshalb wird auf den Test dieses Ereignisses hier verzichtet.

Die Unit EREIG1.PAS von Projekt EREIGNIS.DPR verdeutlicht, daß Ereignisse sich gegenseitig bedingen. So lösen die meisten Tätigkeiten *Ereignisfolgen* aus, die vom Programmierer zu verarbeiten sind.

Die Namen der Ereignisse in das Listenfeld ListBox1 eintragen

Edit1, Button1 und ListBox1 gemäß Bild 1-11 auf Unit EREIG1.PAS aufziehen und für jedes Ereignis in einer Ereignisprozedur die Add-Methode aufrufen. Zwei Beispiele zu den Ereignisprozeduren:

```
Procedure TFormEreig1.FormActivate(Sender: TObject);    {(1) }
Begin
   ListBox1.Items.Add('FormActivate')                   {(2) }
End;

Procedure TFormEreig1.Edit1KeyUp(Sender:TObject; var Key:Word;
   Shift: TShiftState);                                 {(3) }
Begin
    ListBox1.Items.Add('Edit1KeyUp')                    {(4) }
End;
```

(1) Im Objektinspektor auf OnActivate doppelklicken.

1 Ereignisgesteuerte Programmierung

(2) Die Add-Methode auf die Items-Eigenschaft von ListBox1 anwenden, um den Ereignisnamen 'FormActivate' als nächsten Eintrag in das Listenfeld hinzuzufügen.
(3) Die EditKeyUp-Ereignisprozedur liefert drei Parameter.
(4) Den Ereignisnamen 'EditKeyUp' in ListBox1 als Eintrag hinzufügen.

1.4 Ereignisketten vermeiden

Problemstellung zu EREIG2.PAS: Bei jeder Änderung der DM-Eingabe den zugehörigen Francs-Betrag ermitteln (Change-Ereignis für EditDM). Umgekehrt soll der zugehörige DM-Betrag ermittelt werden, sobald der Benutzer die Francs-Eingabe durch Drücken der Return-Taste abgeschlossen hat (KeyPress-Ereignis für EditFF):

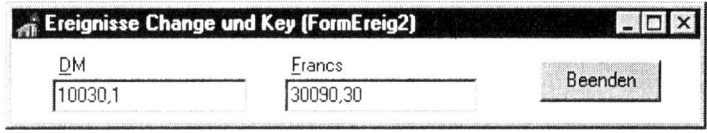

Bild 1-12: Ausführung zu Unit EREIG2.PAS von Projekt EREIGNIS.DPR

Change-Ereignis bei jeder Eingabeänderung in EditDM auslösen

Bei Eingabe von 10030,1 wird siebenmal das Change-Ereignis (für jedes Zeichen) ausgelöst. Zur Entwurfszeit muß EditDM.Text:=0 gesetzt sein. Fehlerabbruch bei leerer Eingabe. Ergänzt man EditDM-Change durch eine Ereignisprozedur EditFFChange, dann erhält man eine *endlose Ereigniskette*. Aus diesem Grunde lassen sich zwei Editfelder nicht über Change-Ereignisse gegenseitig ändern.

```
Procedure TFormEreig2.EditDMChange(Sender: TObject);
Begin
  EditFF.Text := FloatToStr(StrToFloat(EditDM.Text) * 3);
End;
```

KeyPress-Ereignis bei Drücken einer Taste in EditFF auslösen

Der Key-Parameter gibt das zuletzt eingegebene Zeichen zurück. Der Funktionsaufruf Chr(13) liefert das Steuerzeichen "Return-Taste"; dann automatisch von FF in DM umrechnen:

```
Procedure TFormEreig2.EditFFKeyPress(Sender: TObject; Var Key: Char);
Begin
  If Key = Chr(13) Then
    EditDM.Text := FloatToStr(StrToFloat(EditFF.Text) / 3);
End;
```

Button1 (Befehlsschaltfläche)
Schalter zum Aufruf einer Aktion. Eigenschaften: Name, Caption (siehe Label1), Cancel, Default, ModalResult.

CheckBox1 (Kontrollkästchen)
Über die Checked-Eigenschaft True/False (Kästchen angekreuzt) oder über die State-Eigenschaft cbChecked/cbUnchecked/cbGrayed abfragen. AllowGrayed setzt in den indifferenten Zustand.

ComboBox1 (Kombinationsfeld)
Auswahlmöglichkeit des Listenfeldes, um die Eingabemöglichkeit zu erweitern. Style: csDropDown, csSimple und csDropDownList. Items.Add, ItemHeight, Items, IndexOf, Sorted.

DirectoryListBox1 (Verzeichnislistenfeld)
Listenfeld, um zum gewählten Verzeichnis die Unterverzeichnisse anzuzeigen. Columns, Items. DirLabel bzw. FileList verknüpfen mit einem Label- bzw. Dateilistenfeld.

DriveComboBox1 (Laufwerkslistenfeld)
Über die Items-Eigenschaft in einem Drop-Down-Listenfeld auf Laufwerke zugreifen. ItemIndex (Nummer) und Drive (Buchstabe) des Laufwerks.

Edit1 (einzeiliges Textfeld)
Einzelne Textzeilen editieren (Eingabe des Benutzers sowie Ausgabe). AutoSize, Ctl3D, HideSelection, Modified und Text.

GroupBox1 (Rahmen)
Gruppieren von beliebigen Komponenten (als Container). Die Controls-Eigenschaft gibt Zugriff auf die Elemente. Align, Ctl3D, Hint.

FileListBox1 (Dateilistenfeld)
Dateien in einem Listenfeld anzeigen. Directory (Pfad), FileEdit (mit Editfeld verbinden), Filename (Dateiname incl. Pfad), FileType, Items, Mask (Pattern), MultiSelect, Selected, TopIndex.

Image1 (Bildfeld)
Über die Picture-Eigenschaft Bitmaps und Icons laden und speichern. Über die Canvas-Eigenschaft malen. Align, Center und Stretch.

Label1 (Bezeichnungsfeld)
Beschriftungen und Meldungen anzeigen (nur Ausgabe). Über FocusControl-Eigenschaft an Editfeld binden. Über Caption:='&Datei" mit Tasten *Alt/D* erreichbar. Align, WordWrap.

1 Ereignisgesteuerte Programmierung 13

ListBox1 (Listenfeld)
Aus einer Liste von Einträgen (Items) auswählen. Siehe ComboBox1. MultiSelect und ExtendedSelect zum Markieren mehrerer Einträge. Selected[i] liefert True, falls Eintrag i markiert ist. Items.Strings[i] liefert Inhalt des Eintrags i. ReadOnly, SelCount, Sorted, TopIndex.

MainMenu1 (Menü)
Über den Menü-Editor für die Form eine Menüleiste mit Dropdown-Menüpunkten entwerfen.

Memo1 (mehrzeiliges Textfeld)
Text ein- oder mehrzeilig bearbeiten. Bildlaufleisten. Über Lines-Eigenschaft auf Zeilen zugreifen (Doppelklick öffnet Editor). HideSelection, Modified, WordWrap.

Panel1 (Bedienfeld)
Feld zum Gestalten des Formulars bzw. zum optischen Gruppieren anderer Komponenten auf dem Formular.

RadioButton1 (Optionsfeld)
Value-Eigenschaft legt den Status True/False fest. Von den Optionsfeldern eines Containers kann nur ein Feld gesetzt sein.

RadioGroup1 (Optionsfeldgruppe)
Beschriftung der Optionsfelder über Items-Eigenschaft eingeben. Über ItemIndex (0,1,2,...) auf das gewählte Feld zugreifen. Columns paßt die Anordnung der Felder an.

ScrollBar1 (Bildlaufleiste)
Über die Kind-Eigenschaft mit sbHorizontal bzw. sbVertical einen Schieber aufziehen: Position-Eigenschaft zwischen Min und Max.

Shape1 (Figurenfeld)
Grafik-Figuren (Kreis, Rechteck, Umrandung...) zur Entwurfszeit erstellen. Füllfläche über Brush (Pinsel) und Pen (Stift).

StringGrid1 (Gitter)
Rechteckbereich zum Anzeigen und Bearbeiten von Text (Strings) in Zeilen (waagrecht) und Spalten (spenkrecht). Siehe String-Listen in Kapitel 4.

Timer1 (Zeitmesser)
Ein Ereignis namens Timer in der über die Interval-Eigenschaft angegebenen Anzahl (Häufigkeit) wiederholt auslösen.

Verzeichnis 1-2: Grundlegende Komponenten für die Formulare von Delphi

2 Strukturierte Programmierung

Vier Ablaufstrukturen bzw. Programmstrukturen

Die Informatik unterscheidet die vier Ablaufstrukturen Folge (linear, Reihung), Auswahl (Entscheidung), Wiederholung (Schleife) und Unterablauf (Prozedur, Funktion bzw. Methode):

- **Folge:** *Tue dies, dann das, dann .. (linearer Ablauf).*
- **Auswahl:** *Tue dies oder tue das (verzweigender Ablauf).*
- **Wiederholung:** *Tue etwas wiederholt (zirkulärer Ablauf).*
- **Unterablauf:** *Tue dies, tue etwas anderes, setze dann den ersten Ablauf fort (unterteilter Ablauf).*

Zwei Möglichkeiten zur Anordnung von Ablaufstrukturen

Eine Unit (PAS-Datei) bzw. ein Projekt (DPR-Datei) können beliebig viele Ablaufstrukturen enthalten; diese sind entweder *hintereinander(1., 2., ...)* und/oder *geschachtelt (innen, außen)* angeordnet sind.

2.1 Auswahlstrukturen (Entscheidungen)

Problemstellung zu Unit AUSWAHL.PAS: Die Auswahlstrukturen der Informatik über sechs Ereignisprozeduren an kleinen Beispielen demonstrieren.

Name:	Geänderte Eigenschaftswerte:	Ereignis:
Form1	Name:=FormAuswahl	
Label1	Caption:='Ausgabe (Meldung):'	
Label2	Caption:='Eingabe (Benutzer):'	
Edit1	Text:='Edit1', Color:=clNone	
Button1	Name:=ButtonIfEinseitig, Caption:='If ein...'	Click
Button2	Name:=ButtonIfZweiseitig, Caption:='If zwei...'	Click
Button3	Name:=ButtonIfMehrseitig, Caption:='If mehr...'	Click
Button4	Name=ButtonCase, Caption:='Case'	Click
Button5	Name:=ButtonFarbe, Caption:='Farbe'	Click
CheckBox1	Caption:='ButtonCase ein/aus'	Click
GroupBox1	Caption:='Farbe für Editfeld'	
RadioButton1	Name:=RadioButtonRot, Caption:='rot'	
RadioButton2	Name:=RadioButtonGelb, Caption:='gelb'	
RadioButton3	Name:=RadioButtonFarblos, Caption:='No'	

Bild 2-1: Objektetabelle zu Unit AUSWAHL.PAS von Projekt STRUKTUR.DPR

2 Strukturierte Programmierung

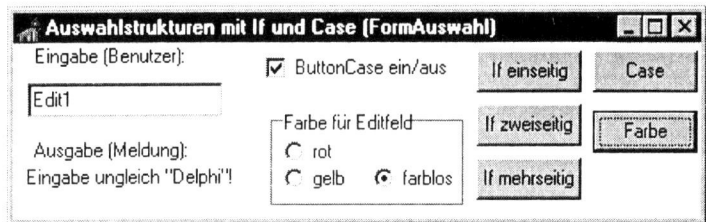

Bild 2-2: Ausführung zu Unit AUSWAHL.PAS von Projekt STRUKTUR.DPR

2.1.1 Anweisungen If und Case

Einseitige Auswahl mit If-Then-Anweisung kontrollieren

```
Procedure TFormAuswahl.ButtonIfEinseitigClick(Sender:TObject);
Begin
  If Edit1.Text <> 'Delphi' Then                    {Wenn, dann ...}
    Label1.Caption := 'Eingabe ungleich "Delphi"!'; {Ausgabe}
End;
```

Zweiseitige Auswahl mit If-Then-Else-Anweisungen kontrollieren

Die Länge der Texteingabe (Then) oder eine Info (Else) anzeigen:

```
Procedure TFormAuswahl.ButtonIfZweiseitigClick(Sender:TObject);
Begin
  If Length(Edit1.Text) > 0 Then                    {(1) Stringlänge}
    Label1.Caption := 'Anzahl: '+ IntToStr(Length(Edit1.Text))
  Else Begin                                        {(2) Blockbildung}
       Label1.Caption := 'Nichts eingegeben!';
       Edit1.SetFocus;                              {(3) Methode rufen}
       End;                                         {(4) ; optional}
End;
```

(1) Die Length-Funktion liefert die Anzahl der Zeichen des Editfeldes.
(2) **Blockanweisung:** Mehrere Anweisungen im Then- oder Else-Teil durch einen Begin-End-Block zu einer Anweisungseinheit zusammenfassen.
(3) **Methode als objektgebundene Anweisung:** Die SetFocus-Methode *Edit1.SetFocus* setzt den Fokus auf das Editfeld zwecks neuer Eingabe.
(4) Das ";" vor End kann entfallen, vor Else hingegen darf kein ";" stehen.

```
If BoolescherAusdruck          Ausdruck ergibt True oder False
  Then Anweisung 1             Einzel- oder Blockanweisung
  [Else Anweisung 2];          Else-Teil ist optional
```

```
If X > 1000 Then ...           {vom Datentyp Integer}
If Gefunden Then ...           {Gefunden vom Datentyp Boolean}
```

Mehrseitige Auswahl mit geschachtelten If-Anweisungen steuern

Dreifache Schachtelung bzw. Schachtelungstiefe: Die Auswahlstruktur *If Edit1.Text=''* schachtelt die Auswahl *If Z<0* ein, die wiederum eine weitere Auswahl *If Z<10* einschachtelt (Struktogramm unten).

```
Procedure TFormAuswahl.ButtonIfMehrseitigClick(Sender: TObject);
Var
  Z: Real;
Begin
  If Edit1.Text = '' Then                   {1. If außen}
    Label1.Caption := 'Leere Eingabe'
  Else Begin
       Z := StrToFloat(Edit1.Text);
       If Z < 0 Then                        {2. If Mitte}
         Label1.Caption := 'Zahl negativ'
       Else
         If Z < 10 Then                     {3. If ganz innen}
           Label1.Caption := 'Zwischen 0 und 9'
         Else
           Label1.Caption := '10 oder darüber';
       End;
End;
```

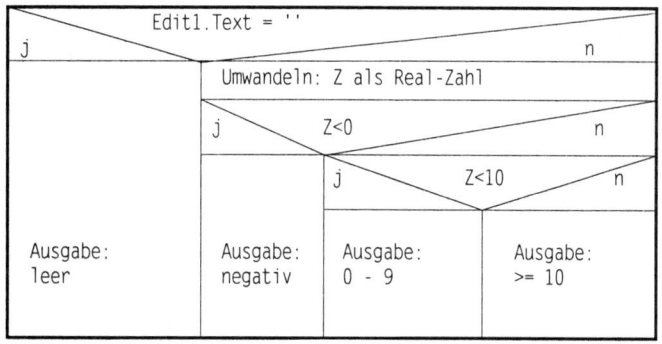

Bild 2-3: Struktogramm zu ButtonIfZweiseitigClick (Auswahlstrukturen schachteln)

Mehrseitige Auswahl als Fallabfrage mit Case-Anweisung

```
Case OrdinalerAusdruck Of      Ordinal: Integer, Char, Aufzählung
  K1: Anweisung 1;
  K2: Anweisung 2;             K1,K2,... als Konstanten des
  ...                          gleichen Typs wie Ausdruck
  Km: Anweisung m
  [Else Anweisung n];          Restfall ist optional
End;                           Ende der Fallabfrage
```

```
Procedure TFormAuswahl.ButtonCaseClick(Sender: TObject);
Var
  S: string[1]; C: Char;                          {(1) Datentypen}
Begin
  S := Copy(Edit1.Text,1,1); C := S[1];           {(2) Typanpassung}
  Case C Of
    'a','Z': Label1.Caption := 'Buchstaben a oder Z';
    '%': Label1.Caption := 'Sonderzeichen %';
    '9': Begin
           Label1.Caption := 'Ziffer 9';
           Label1.Color := clRed;
         End
    Else
      Label1.Caption := 'Sonstiges Zeichen oder leer';
  End;
End;
```
(1) Datentyp String für eine Zeichenfolge und Char für einzelnes Zeichen.
(2) Die Case-Anweisung verlangt einen ordinalen Typ (wie Integer oder Char), also einen Typ mit abzählbar vielen Elementen. Real und String sind keine solchen Typen, deshalb die Zuweisung von String nach Char.

2.1.2 Auswahl über CheckBox und RadioButton

CheckBox als Kontrollkästchen für die Ja-Nein-Entscheidung

Über die Boolean-Eigenschaft Checked abfragen, ob die CheckBox angekreuzt ist (Checked=True) oder nicht (Checked=False). Das Click-Ereignis der CheckBox wechselt den Eigenschaftswert. In der Unit AUSWAHL.PAS (Bild 2-1) den Schalter ButtonCase über das Kontrollkästchen abschalten (Enabled-Eigenschaft auf False setzen):

```
Procedure TFormAuswahl.CheckBox1Click(Sender: TObject);
Begin
  ButtonCase.Enabled := CheckBox1.Checked;
End;
```

Alternativ zu Checked die State-Eigenschaft mit den drei Werten cbChecked, cbUnchecked und cbGrayed (graues Kästchen) verwenden.

Umschalter programmieren mittels Not-Operator: Bei jedem Click auf den Button den Checked-Wert von True auf False bzw. umgekehrt wechseln. Zusätzliche Möglichkeit: Den derzeitigen Zustand über die Caption-Eigenschaft von ButtonUmschalter anzeigen.

```
Procedure TFormAuswahl.ButtonUmschalterClick(Sender: TObject);
Begin
  CheckBox1.Checked := Not CheckBox1.Checked;
End;
```

RadioButtons als Optionsfelder für 1-von-n-Entscheidungen

Zuerst eine GroupBox als Rahmen bzw. Container aufziehen und darin dann drei RadioButtons aufziehen. Die Optionsfelder bilden eine Gruppe, in der nur ein RadioButton den Checked-Wert True haben kann. Durch Click auf ein Optionsfeld Checked:=True setzen und für das bisherige Feld *Checked:=False* setzen. Drei Farben für das Editfeld auswählen (in Bild 2-1 farblos):

```
Procedure TFormAuswahl.ButtonFarbeClick(Sender: TObject);
Begin
  If RadioButtonRot.Checked Then
    Edit1.Color := clRed                    {Hintergrund rot}
  Else If RadioButtonGelb.Checked Then
      Edit1.Color := clYellow               {gelb}
    Else
      Edit1.Color := clNone;                {Voreinstellung}
End;
```

GroupBox auf der Form horizontal zentrieren: Die Eigenschaften Left und Width liefern den Abstand vom linken Fensterrand und die Breite. Der Operator DIV dient zur ganzzahligen Division.

```
GroupBox1.Left := (Form1.Width - GroupBox1.Width) DIV 2;
```

RadioGroup als Alternative zu "RadioButtons in GroupBox": Die Optionen in der Items-Eigenschaft als Textzeilen ablegen, über die Columns-Eigenschaft anpassen. ItemIndex liefert dann die Nummer des ausgewählten Feldes. Beispiele:

```
RadioGroup1.Columns := 3;                 { drei Optionen }
RadioGroup1.Items.Add('rot');             // Optionen beschriften
RadioGroup1.Items.Add('gelb');
RadioGroup1.Items.Add('farblos');
RadioGroup1.ItemIndex := 0;               { rot voreingestellt }

If RadioGroup1.ItemIndex = -1 Then        (. Wert -1 abfragen .)
  ShowMessage('Derzeit überhaupt keine Option aktiviert.');
```

Komentare im Pascal-Quellcode

- Code zwischen geschweiften Klammern {...} nur zur Entwurfszeit anzeigen, nicht aber zur Ausführungszeit. Siehe oben.
- {...} als Kommentarbegrenzer kann man als (. ... .) schreiben. Mit { ... } bzw. (. ... .) lassen sich Abschnitte des Pascal-Code auskommentieren.
- // kennzeichnet nachfolgende Zeichen bis zum Zeilenende als Kommentar. Siehe oben.

2.2 Wiederholungsstrukturen (Schleifen)

Unit SCHLEIFE.PAS enthält Beispiele zu den drei Schleifentypen:

Name:	Geänderte Eigenschaftswerte:	Ereignis:
Form1	Name:=FormSchleife	Create
Button1	Name:=ButtonWhile, Caption:='While ...'	Click
Button2	Name:=ButtonRepeat, Caption:='Repeat ...'	Click
Button3	Name:=ButtonFor, Caption:='For ...'	Click
Button4	Name=ButtonLoeschen Caption:='Löschen'	Click
StringGrid1	RowCount:=7, ColCount:=11, DefaultCol-Width:=20, DefaultRowHeight:=20	
Memo1	ScrollBars:=ssBoth, WordWrap:=False	
ComboBox1	Style:=csDropDown	

Bild 2-4: Objektetabelle zu Unit SCHLEIFE.FRM von Projekt STRUKTUR.DPR

2.2.1 Anweisung While für abweisende Schleife

Kontrollanweisung While: Die hinter Do angegebene Anweisung (Blockanweisung oder Einzelanweisung) wiederholen. Eine Schleife 10 mal (links 1-10 ausgeben) bzw. 2 mal (rechts 8 und 9) durchlaufen.

```
i := 0;                        z := 8;
While i < 10 Do                While z < 10 Do
Begin                          Begin
  i := i + 1;                    ShowMessage(IntToStr(z));
  ShowMessage(IntToStr(i));      z := z + 1;
End;                           End;
```

Für den Anfangswert i:=10 wird die Wiederholung While i<10 abgewiesen; deshalb die Bezeichnung *abweisende Schleife*.

```
While Bedingung Do             Solange Eintrittsbedingung erfüllt ...
Begin
  Anweisung 1;                 Begin-End-Block mit beliebig vielen
  Anweisung 2;                 Anweisungen
  ...
  Anweisung n;
End;                           ... wiederhole den Block
```

Problemstellung zu ButtonWhileClick: In einer StringGrid-Komponente (Gitternetz, Tabelle) in 10 Spalten bzw. Columns jeweils 6 Lottozahlen in 6 Zeilen bzw. Rows ausgeben. Die Ausgabe in Bild 2-5 über Schleifen vornehmen.

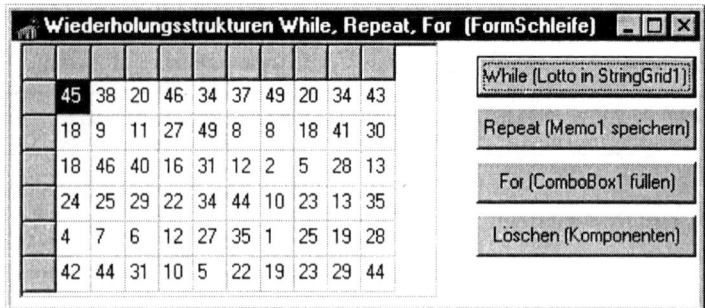

Bild 2-5: Ausführung zu ButtonWhileClick von Unit SCHLEIFE.FRM

Schleifenschachtelung: Bei jedem der 10 Durchläufe der äußeren Spalten-Schleife die innere Zeilen-Schleife 6 mal durchlaufen.

```
StringGrid1 sichtbar machen und Anfangswert s:=0 setzen
  Solange s < 10 ist, wiederhole
    Spaltenzähler erhöhen: s := s + 1
    Zeilenzähler initialisieren: z := 0
    Solange z < 6 ist, wiederhole
      Zeilenzähler erhöhen: z := z + 1
      Ausgabe in Zelle des StringGrid1
```

Bild 2-6: Struktogramm zu ButtonWhileClick mit zweifacher Schleifenschachtelung

```
Procedure TFormSchleife.ButtonWhileClick(Sender: TObject);
Var
  s, z: Integer;  {Spalte, Zeile}        {(1) Zählervariablen}
Begin
  StringGrid1.Visible := True;           {(2) sichtbar machen}
  s := 0;
  While s < 10 DO                        {Beginn innere Schleife}
  Begin
    s := s + 1;
    z := 0;
    While z < 6 DO
    Begin
      z := z + 1;
      StringGrid1.Cells[s,z] := IntToStr(Random(49)+1);  {(3)}
    End;
  End;                                   {Ende äußere Schleife}
End;
```

(1) StringGrid-Komponente: Objekt zur tabellarischen Darstellung von Strings in Zellen: Zelle (0,0) bzw. Cells(0,0) oben links und Cells(10,6) unten rechts. Spalte 0 (FixedCol) und Zeile 0 (FixedRow) zur Beschriftung. Die Variablen s und z dienen als Spalten- bzw. Zeilenzähler.

(2) Visible-Eigenschaft: Auf True setzen, um StringGrid1 sichtbar zu machen. Über ButtonLoeschenClick wurde Visible:=False gesetzt.

(3) Cells-Eigenschaft zur Rückgabe eines zweidimensionalen String-Arrays, um mit Cells(s,z) auf die Zelle (s,z) zuzugreifen. Es wird ab 0 gezählt, wobei s=0 bzw. z=0 die Beschriftungsspalte bzw. -zeile angibt.
Die Funktion Random(49) erzeugt eine ganzzahlige Zufallszahl zwischen 0 und 48: Durch Addition von 1 eine Lottozahl 1-49 erzeugen.

2.2.2 Anweisung Repeat für nicht-abweisende Schleife

Kontrollanweisung Repeat: Die Anweisungen zwischen Repeat und Until wiederholen. 1-10 (Schleife links) bzw. 8-9 (rechts) anzeigen.

```
i := 0;                            z := 8;
Repeat                             Repeat
  i := i + 1;                        ShowMessage(IntToStr(z));
  ShowMessage(IntToStr(i));          z := z + 1;
Until i = 10;                      Until z > 9;
```

Für den Anfangswert i:=10 wird die Schleife *Repeat-Until i>1000* einmal durchlaufen; deshalb die Bezeichnung nicht-abweisende Schleife als Schleifentyp.

```
Repeat                             Wiederhole die Schleife, ....
  Anweisung 1;
  Anweisung 2;                     Anweisung(en), die mindestens
  ...                              einmal ausgeführt werden
  Anweisung n;
Until Bedingung;                   ... bis Austrittsbedingung erfüllt
```

Problemstellung zu ButtonRepeatClick: In eine Memo-Komponente als mehrzeiliges Textfeld wiederholt Zeilen über eine InputBox eingeben und speichern, bis die Return-Taste gedrückt wird (leere Eingabe). In Bild 2-7 sechs Textzeilen eingeben. Schleifenende beim siebten Durchlauf:

```
Procedure TFormSchleife.ButtonLoeschenClick(Sender: TObject);
Begin
  Memo1.Visible := False;              {(1) zunächst versteckt}
  ComboBox1.Visible := False;   StringGrid1.Visible := False;
End;
```

```
Procedure TFormSchleife.ButtonRepeatClick(Sender: TObject);
Var Beenden: Boolean; Zeile: String;
Begin
  Beenden := False;
  Memo1.Visible := True; Memo1.Clear;          {(2) Leer anzeigen}
  Repeat
    Zeile := InputBox('','Text (Return=Ende)?','');
    If Zeile = ''
      Then Beenden := True
      Else Memo1.Lines.Add(Zeile);              {(3) Zeile anfügen}
  Until Beenden;
End;
```

(1) Zunächst sind alle drei Komponenten nicht sichtbar (versteckt).

(2) Visible-Eigenschaft zeigt Memo1 an. Die Clear-Methode löscht den bisherigen Textinhalt.

(3) Die Lines-Eigenschaft gibt direkten Zugriff auf die Zeilen von Memo1, wobei die Add-Methode die angegebene Textzeile an das Ende des mehrzeiligen Textfeldes hinzufügt.

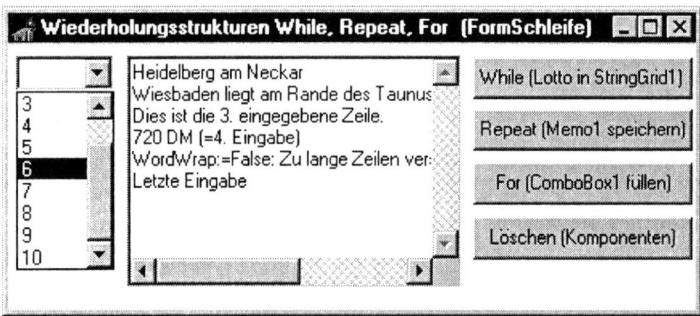

Bild 2-7: Ausführung zu ButtonRepeatClick (Memo1) und ButtonForClick (Combo1)

WordWrap-Eigenschaft: Der Text läßt sich nun beliebig editieren (löchen, markieren, verschieben). Da die WordWrap-Eigenschaft nicht gesetzt wurde (siehe Objekttabelle in Bild 2-4), erfolgt kein Zeienmbruch am Rand; längere Texte verschwinden (siehe 2. und 5. Zeile in Bild 2-7).

Text-Eigenschaft: Edit-Komponente, dessen Inhalt die Text-Eigenschaft liefert. Zwei Zeilen speichern (als Alternative zu Add):

```
Memo1.Text := 'Erste Zeile' + #13 + #10 + 'Zweite Zeile'
```

Lines-Eigenschaft: Zugriff auf einzelne Zeilen (ab 0 numeriert):

```
ShowMessage('1. Zeile im Memofeld: ' + Memo1.Lines[0])
```

2.2.3 Anweisung For für Zählerschleife

Kontrollanweisung For: Die Anweisung hinter Do ausführen, bis der Zähler den Endwert erreicht hat. Zähler (Laufvariablen) müssen abzählbar sein (Integer, Char). Wiederholung 10 (links) bzw. 4 mal:

```
Var i: Integer;                    Var c: Char;
For i := 1 To 10 Do                For c := 'a' To 'd' Do
  ShowMessage(IntToStr(i));          ShowMessage(cc);
```

```
For Zähler:= Anfangswert To/DownTo Endwert Do   Für Zähler, der vom
Begin                                            Anfangs- bis zum End-
  Anweisung 1;                                   wert läuft,wiederhole
  Anweisung 2;
  ...;                                           Zähler um 1 erhöht
  Anweisung n;
End;                                             Ende Zählerschleife
```

To durch DownTo ersetzen, falls der Anfangswert größer als der Endwert ist. Zählerschleife 4 mal (links) bzw. 1 mal (rechts) wiederholen:

```
For i := 15 DownTo 12 Do           For i := 15 DownTo 15 Do
```

Problemstellung zu ButtonForClick: In ein Kombinationsfeld namens ComboBox1 die Werte '1' bis '10' eintragen (Bild 2-7 links).

```
Procedure TFormSchleife.ButtonForClick(Sender: TObject);
Var i:Integer;
Begin
  ComboBox1.Visible := True; ComboBox1.Clear;    {(1) sichtbar}
  For i := 1 To 10 Do
    ComboBox1.Items.Add(IntToStr(i));            {(2) speichern}
End;
```

(1) Die ComboBox sichtbar machen und alle derzeitigen Einträge löschen.
(2) Die Add-Methode auf die Items-Eigenschaft anwenden, um den Zählerwert i in Stringform als nächsten Eintrag in die ComboBox1 anzufügen.

ComboBox (Bild 2-7) und ListBox (Bild 1-11) im Vergleich

ListBox zeigt Einträge an (Ausgabe). CombBox als Kombination von ListBox (Ausgabe) und Editfeld (Eingabe). Über die Style-Eigenschaft fünf ComboBox'es einstellen (siehe Bild 2-8 umseitig).

Items-Eigenschaft gibt Zugriff auf die Einträge (siehe Delphi-Hilfe unter TStrings). Durch Doppelklick auf Items zur Entwurfszeit einen Editor aufrufen, über den die ComboBox mit Einträgen gefüllt wird.

IndexOf-Eigenschaft zum Suchen in der ComboBox. IndexOf(Nr) liefert die Nummer eines Eintrags (ab 0) oder -1 (nicht gefunden).

Den eingegebenen Eintrag in die ComboBox1 anhängen, falls dieser noch nicht vorhanden ist:
```
If ComboBox1.Items.IndexOf(ComboBox1.Text) = -1 Then
  ComboBox1.Items.Add(ComboBox1.Text);
```
ItemIndex-Eigenschaft zeigt auf den aktiven Eintrag. Die Auswahl auf den letzten Eintrag setzen (Count liefert Anzahl der Einträge; da ab 0 numeriert wird, Count-1 subtrahieren):
```
ComboBox1.ItemIndex := ComboBox1.Items.Count - 1;
```
So viele Einträge auflisten, wie in der ComboBox enthalten sind:
```
ComboBox1.DropDownCount := ComboBox1.Items.Count;
```
Delete-Methode zum Löschen eines Eintrags. Den 2. Eintrag löschen:
```
ComboBox1.Items.Delete(1)        {1, da ab 0 gezählt wird!}
```
Sorted-Eigenschaft sortiert Einträge. Sortiert/unsortiert umschalten:
```
ComboBox1.Sorted := Not ComboBox1.Sorted;
```

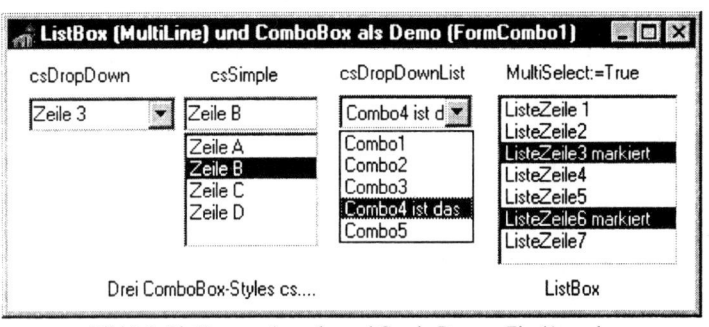

Bild 2-8: ListBox zur Ausgabe und ComboBox zur Ein-/Ausgabe

MultiSelect-Eigenschaft der ListBox: Im Gegensatz zur ComboBox verfügt die ListBox über eine MultiSelect-Eigenschaft, um mehrere Einträge zu markieren (anliegend über Umschalt-Taste, auseinanderliegend über Strg-Taste: in Bild 2-8 zwei Zeilen).

Selected-Eigenschaft gibt Zugriff auf ausgewählte Einträge: Die markierten bzw. ausgewählten Einträge anzeigen:
```
For i := 0 To ListBox1.Items.Count-1 Do
  If ListBox1.Selected[i] Then
    ShowMessage('markiert: ' + ListBox1.Items.Strings[i]);
```

Insert-Methode zum Einfügen eines Eintrags. 4. Eintrag einfügen:
```
ListBox1.Items.Insert(3, 'Eintrag an die 4. Position');
```

2 Strukturierte Programmierung

Move-Methode zum Verschieben. Den 4. Eintrag an die erste Stelle verschieben:

ListBox1.Items.Move(3,0);

Exchange-Methode zum Vertauschen. 2. und 3. Eintrag wechseln:

ListBox.Items.Exchange(1,2);

Schlüsselwörter nicht als Benutzernamen verwenden

<u>And</u>	Exports	Library	<u>Shl</u>
Array	File	Mode	<u>Shr</u>
As	Finalization	Nil	String
Asm	*Finally*	<u>Not</u>	*Then*
Begin	*For*	Object	Threadvar
Case	*Function*	Of	To
Class	*Goto*	On	*Try*
Const	*If*	<u>Or</u>	Type
Constructor	Implementation	Packed	Unit
Destructor	<u>In</u>	*Procedure*	*Until*
<u>Div</u>	Inherited	Program	Uses
Do	Initialization	Property	Var
DownnTo	Inline	Raise	*While*
Else	Interface	Record	With
End	Is	*Repeat*	<u>Xor</u>
Except	*Label*	Set	

Standard-Anweisungswörter nicht neu definieren

Absolute	Dispid	NoDefault	Read
Abstract	Dynamic	Override	Register
Assembler	External	Pascal	Resident
At	Forward	Private	StdCall
Automated	Index	Protected	Stored
Cdecl	Message	Public	Virtual
Default	Name	Published	Write

Verzeichnis 2-1: Reservierte Wörter von Object Pascal

<u>Unterstrichen: Operatoren</u> Logisch, Ganzzahldiv. (DIV), Menge (In).

Kursiv: Anweisungen zur Kontrolle von Ablaufstrukturen (Folge, Auswahl, Schleife, Unterablauf wie Prozedur und Funkton).

Tip: Reservierte Wörter niemals für eigene Bezeichner verwenden.

2.3 Unterablaufstrukturen (Routinen)

Routinen als Sammelbegriff für Ereignisprozeduren, allg. Prozeduren, Funktionen und Methoden.

2.3.1 Unit als Sammlung von Deklarationen

Unit als Kollektion von Konstanten (Const), Datentypen (Type), Variablen (Var), Prozeduren (Procedure) und Funktionen (Function), die als PAS-Datei gespeichert sind. Mit dem Menübefehl "Datei/Neue Unit" erzeugt Delphi eine Unit mit vier vorgegebenen Teilen:

```
Unit <Dateiname.PAS>:              {(A) Wie benennen?}

Interface                          {(B) Was sichtbar?}

Uses <Liste von Units>:                       {optional}
  {öffentliche Deklarationen}

Implementation                     {(C) Was codiert?}
Uses <Liste von Units>:                       {optional}
  {private Deklarationen}
  {Implementierung von Routinen}

Initialization                     {(D) Starten?   optional}
  {beim Start der Unit ausführbarer Code}
End.
```

Bild 2-9: Allgemeiner Aufbau einer Unit bzw. PAS-Datei mit vier Teilen

(A) Kopf der Unit
Eine Unit wird als PAS-Datei gespeichert. Es gibt *formulargebundene Units* (PAS-Datei mit gleichnamiger DFM-Datei für das Formular-Design) und *formunabhängige Units* (PAS-Datei ohne DFM-Datei).

(B) Interface-Teil der Unit als Schnittstelle zu anderen Units
Was soll für diese Unit bzw. dieses Projekt sichtbar (Interface übersetzt) und somit zugänglich sein?

– Welche vordefinierten Units (wie StdCtrls für Komponenten) oder benutzerdefinierten Units (wie UNIT7.PAS) benötigt die Unit?
– Welche Deklarationen mit Const, Type, Var, Procedure bzw. Function?

(C) Implementation-Teil der Unit deklariert die Privatsphäre
Zunächst sind alle Deklarationen des Interface-Teils für diesen Teil zugänglich (Pascal-Code immer von oben nach unten lesen!).
Dann hier die zusätzlichen Deklarationen notieren, die nur der eigenen Unit verfügbar sein sollen, nicht aber anderen Units.

2 Strukturierte Programmierung

(D) Intitialization-Teil der Unit setzt Anfangswerte
Nach dem Starten (Laden) wird zunächst der in diesem (optionalen) Teil abgelegte Code ausgeführt – zumeist Initialisierungen.

2.3.2 Ereignisprozeduren mit Sender-Parameter

Problemstellung zu Unit PROZEDUR.PAS: Label1-3, Button1 und ButtonN aufziehen. Über die Ereignisprozeduren Button1Click bzw. ButtonNClick die benutzerdefinierten Prozeduren Plus1 bzw. PlusN aufrufen. Die Unit im Projekt ROUTINE.DPR speichern.

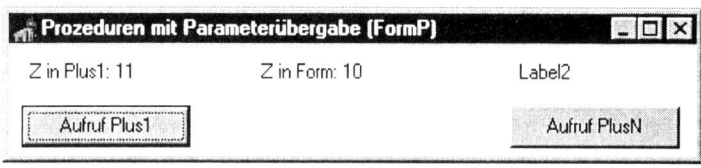

Bild 2-10: Ausführung zu Unit PROZEDUR.PAS (ButtonPlus1 wurde geklickt)

Delphi trägt die Uses-Anweisung automatisch in den Code ein
Beim Erstellen der neuen Unit PROZEDUR.PAS mit "Datei/Neue Unit" fügt Delphi automatisch die folgenden acht Bibliotheks-Units in die Uses-Anweisung ein:

```
Uses Windows, Messages, SysUtils, Classes, Graphics,
    Controls, Forms, Dialogs;
```

Werden neue Komponenten aufgezogen, dann aktualisiert Delphi die Uses-Anweisung automatisch. So wird beim Aufziehen von Button1 die Bibliotheks-Unit StdCtrls hinzugefügt, da darin die Befehlsschaltfläche TButton deklariert ist (siehe (1) im Code PROZEDUR.PAS).

Delphi vermerkt FormP als Namen des Formulars in der Unit
Ändert man die Name-Eigenschaft des Formulars von Form1 in FormP (P als Hinweis für Prozedur) ab, dann vermerkt Delphi mit

```
Type TFormP = class(TForm)            {(2) im Code}
```

daß TFormP ein neuer Objekttyp ist, der aus dem Typ TForm abgeleitet wird. Nach dieser Typvereinbarung deklariert Delphi mit

```
Var FormP: TFormP;                    {(5) im Code}
```

für eine Variable FormP den Datentyp TFormP: Man bezeichnet FormP als Instanz des Objekttyps TFormP. *Jede Ereignisprozedur ist eine Methode des Formularobjekts.* Deshalb erscheint TFormP auch bei der Prozedurvereinbarung wie folgt:

```
Procedure TFormP.Button1Click(Sender:TObject); {(7) im Code}
```

Ändert man den Formnamen FormP, dann paßt Delphi die *drei Namensverweise* (Type, Var, Procedure/Function) automatisch an.

Delphi erzeugt Instanzvariablen für jede Komponente

Mit dem Aufziehen der Komponente Button1 auf der Form trägt Delphi die Deklaration der Instanzvariablen Button1 in die Typdeklaration der Form ein (siehe (3) unten im Code):

```
Button1: TButton;        {Button1 ist vom Datentyp TButton}
```

Löscht man Button1, entfernt Delphi die Instanzvariable (nicht aber die dieser zugeordneten Methoden, dies obliegt dem Programmierer).

Delphi komplettiert die Ereignisprozedur-Deklaration

Gibt man den Code für eine Ereignisprozedur (auch Ereignisbehandlungsprozedur bzw. Event Handler genannt) im Implementation-Teil der Unit ein, dann trägt Delphi den zugehörigen Prozedurkopf wie

```
Procedure Button1Click(Sender: TObject);    {(4) im Code}
```

in den Interface-Teil ein. *Im Implementation-Teil steht die codierte Logik, im Interface-Teil stehen die Prozedur- und Funktionsköpfe.*

Pascal-Quellcode zu Unit PROZEDUR.PAS von ROUTINE.DPR

```
Unit Prozedur;           {Unit PROZEDUR.PAS von Projekt ROUTINE.DPR}
Interface                {Beginn des Interface-Teils}
Uses                     {Liste der benötigten Units}
  Windows, Messages, SysUtils, Classes, Graphics,
  Controls, Forms, Dialogs, StdCtrls;       {(1)}

Type
  TFormP = class(TForm)  {(2) Beginn Typdeklaration der Form}
    ButtonN: TButton;
    Button1: TButton;                   {(3) Buttons}
    Label1: TLabel;
    Label2: TLabel;                     {drei Labels}
    Label3: TLabel;
    Procedure Button1Click(Sender: TObject);  {(4) zwei Prozeduren}
    Procedure ButtonNClick(Sender: TObject);
  Private
    { Private-Deklarationen }
  Public
    { Public-Deklarationen }
  End;                    {Ende der Typdeklaration der Form}

Var
  FormP: TFormP;          {(5) Formvariable FormP}
```

```
Implementation                          {Anfang des Implementaton-Teils}
{$R *.DFM}                              {Befehl für den Compiler}
Var Z: Integer;                         {(6) Z als formglobale Variable}
Procedure Plus1 (Z: Integer);                    {(7) }
Begin
  Z := Z + 1;
  FormP.Label1.Caption :='Z in Plus1: ' + IntToStr(Z);
End;
Procedure TFormP.Button1Click(Sender: TObject);  {(8) }
Begin
  Plus1(Z);                                      {(9) }
  Label3.Caption :='Z in Form: ' + IntToStr(Z);  {Z anzeigen}
End;
Procedure PlusN (Var Z: Integer; n:Integer);     {(10) }
Begin
  Z := Z + n;
  FormP.Label2.Caption:= 'Z in PlusN: ' + IntToStr(Z);
End;
Procedure TFormP.ButtonNClick(Sender: TObject);  {(11) }
Begin
  PlusN(Z,9);                                    {(12) }
  Label3.Caption :='Z in Form: ' + IntToStr(Z);  {Z anzeigen}
End;                                    {Ende des Implementation-Teils}

Initialization                          {(13) Anfang des Initialization-Teils}
  Z := 10;                              {Anfangswert formglobal}
  Label3.Caption :='Z in Form: ' + IntToStr(Z);  {Z anzeigen}
End.
```

Jede Ereignisprozedur ist eine Methode ihres Formulars

Eine Methode ist eine objektbezogene Anweisung. Beim Aufruf stellt man das Objekt dem Methodennamen durch einen "." getrennt voran:

```
Objekt.Methode                          {allgemein}
TFormP.ButtonClick(Sender: TObject);    {Beispiel}
```

Die Ereignisprozedur ButtonClick ist eine Methode des Formulartyps TFormP. Beim Erstellen der Prozedur trägt Delphi Button1Click als neue Methode in der Typdeklaration von TFormP ein (siehe (4)).

Jeder Ereignisprozedur wird ein Sender-Parameter übergeben

Der Parameter ist vom Typ TObject als Urtyp aller Objekte (siehe Verzeichnis 3-5). Über Sender wird der Prozedur mitgeteilt, welche Komponente das Ereignis ausgelöst hat. Die folgende Abfrage ist natürlich stets erfüllt; sie wird erst interessant, wenn man ein und dieselbe Ereignisprozedur mehreren Komponenten zuordnet.

```
Procedure TFormP.Button1Click(Sender: TObject);
Begin
  If Sender = Button1 Then
    ShowMessage('Dieser Code wurde von Button1 aufgerufen');
```

Eine gemeinsame Ereignisprozedur für mehrere Ereignisse

Beispiel: Button3 auf FormP (Bild 2-10) aufziehen. Nun für Button3 keine neue Ereignisprozedur codieren, sondern über den Objektinspektor im Ereignisse-Register für Button3 den Namen Button1Click eintragen. Ab jetzt wird beim Anklicken auf Button1 wie Button3 die *gemeinsame Ereignisprozedur Button1Click* aufgerufen. Die folgende Abfrage ist nunmehr sinnvoll:

```
Procedure TFormP.Button1Click(Sender: TObject);
Begin
  If Sender = Button1
    Then ShowMessage('Der Code wurde von Button1 aufgerufen')
    Else ShowMessage('Code von Button3 aufgerufen');
```

Eine Ereignisprozedur von einer anderen Prozedur aus aufrufen

Wie bei normalen Prozeduren den Namen hinschreiben. Beispiel:

```
Button1Click(Sender);       {Sender-Parameter erforderlich}
FormP.Button1Click(Sender); {wenn von anderer Form aufgerufen}
```

2.3.3 Prozeduren mit Parametern

Eine Prozedurdeklaration besteht aus drei Teilen:

`Procedure Prozedurname[(Parameterliste)];`	{Prozedurkopf}
`  [Deklarationen;]`	{Vereinbarungsteil}
`  Begin`	
`    Anweisungen;`	{Anweisungsteil}
`  End;`	

Vordefinierte Prozeduren (Bibliotheks-Prozeduren)

Die vordefinierte Prozedur ShowMessage (siehe Kapitel 1.2.3) ist mit einem formalen Parameter namens Meldung deklariert:

```
Procedure ShowMessage(Meldung:String);   {Deklaration}
```

Zum Aufruf schreibt man den Prozedurnamen in eine Zeile, gefolgt vom aktuellen Parameter (auch Argument genannt).

```
ShowMessage('Ende erreicht!');           {1. Aufruf}
```

ShowMessage('Ihre Eingabe: ' + Ein);   {2. Aufruf}

Bei Deklaration und Aufruf von benutzerdefinierten Prozeduren gelten die gleichen Regeln wie bei vordefinierten Prozeduren.

2.3.3.1 Werteparameter Übergabe "By Value"

Benutzerdefinierte Prozedur Plus1 von Button1Click aufrufen

Schritte (6) bis (9) und (13) im Pascal-Code zu PROZEDUR.PAS:

(6) Die Variable Z formglobal (vor allen Prozeduren) deklarieren.

(13) Nach dem Ausführungsstart den Initialization-Teil ausführen und Z:=10 zuweisen. Z ist an jeder Stelle der Unit mit dem Inhalt 10 bekannt.

(8) Button1 anklicken. Die Ereignisprozedur Button1Click wird ausgeführt und ruft die Prozedur Plus1 auf. Wichtig: Im Implementation-Teil muß Plus1 vor Button1Click vereinbart worden sein.

(9) Der Prozeduraufruf Plus1(Z) kopiert den Wert 10 in eine neue Variable Z. *Der Parameter Z wird von Delphi wie eine lokale Variable verwaltet, die nur in der Prozedur Plus1 gültig ist.*

(7) Die Prozedur Plus1 wird ausgeführt. Z um 1 zu 11 erhöhen und die 11 in Label1 anzeigen. Danach in die rufende Ebene von Button1Click zurückkehren. Mit dem Verlassen der Prozedur Plus1 erlischt das lokale Z.

(8) Über Label3 Z=10 ausgeben (siehe Bild 2-10): Die formglobale Variable Z ist unverändert geblieben.

Ausblenden-Regel gleichnamiger Variablen: Es gilt stets der letzte Bezeichner bzw. die letzte Deklaration; der übergeordnete Bezeichner ist vorübergehend ausgeblendet bzw. überdeckt. Bei jedem Aufruf der Prozedur Button1Click wiederholt sich Bild 2-10: Das lokale Z wird zu 11, während das formglobale Z unverändert 10 bleibt.

2.3.3.2 Variablenparameter Übergabe "By Reference"

Benutzerdefinierte Prozedur PlusN von ButtonNClick aufrufen

Schritte (10) bis (13) im Pascal-Code zu PROZEDUR.PAS:

(13) Die Variable Z formglobal mit Z:=10 initialisieren.

(11) ButtonN anklicken; ButtonNClick ausführen und PlusN aufrufen.

(12) Der Prozeduraufruf PlusN(Z,9) übergibt 10 nach Z und 9 nach n.

(10) In der Prozedur PlusN ist n als *Werteparameter* deklariert: Der Wert 9 wird in die lokale Variable n kopiert. n ist nur innerhalb PlusN gültig. Durch den Var-Zusatz ist Z als *Variablenparameter* deklariert: Die Referenz (Adresse bzw. Speicherplatz) des formglobalen Z wird übergeben, d.h. die Prozedur PlusN erhält Zugriff auf das formglobale Z.

Z wird in der Prozedur PlusN um 9 auf 19 erhöht.

(11) Nach Verlassen von PlusN weist das formglobale Z den Inhalt 19 auf.

Mit jedem Aufruf von PlusN erhöht sich Z um 9 auf 19, 28, 37, ...

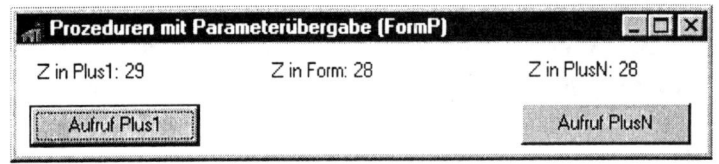

Prozeduren mit Parameterübergabe (FormP)		
Z in Plus1: 29	Z in Form: 28	Z in PlusN: 28
Aufruf Plus1		Aufruf PlusN

Bild 2-11: Ausführung zu PROZEDUR.PAS (2mal ButtonPlus1, 1mal ButtonPlusN)

Übergabe "By Value" über Werteparameter: Bei dem Prozeduraufruf PlusN(Z,9) den Wert 9 in die Prozedur kopieren und im Parameter n als lokaler Variable ablegen. Änderungen an n sind möglich, wirken sich aber nicht auf die rufende Ebene aus.

Übergabe "By Reference" über Variablenparameter: Bei Prozeduraufruf PlusN(Z,9) die Adresse von Z an PlusN übergeben. Jede Änderung am Parameter wirkt sich somit auf Z aus.

Übergabe "By Value" über Konstantenparameter: Sonderfall des Werteparameters, um zu verhindern, daß der Parameter in der Prozedur verändert wird. Da n in PlusN unverändert bleibt, sind die folgenden Deklarationen identisch:

```
Procedure PlusN(Var Z:Integer; n:Integer);        Werteparameter
Procedure PlusN(Var Z:Integer; Const n:Integer);  Konstantenparameter
```

2.3.4 Funktionen
2.3.4.1 Jede Funktion liefert ein Funktionsergebnis
Problemstellung zu Unit FUNKTION.PAS: Identisch zur vorangehenden Unit PROZEDUR.PAS von Bild 2-10. Die Prozeduren Plus1 und PlusN bezwecken exakt dasselbe wie die Funktionen Plus1 und PlusN.

Funktionen mit Parameterübergabe (FormFunktion)		
Z in Form: 30	Aufruf Plus1	Aufruf PlusN

Bild 2-12: Ausführung zu Unit FUNKTION.PAS von ROUTINE.DPR

2 Strukturierte Programmierung 33

Integer-Funktion Plus1 mit Werteparameter X

```
Implementation     {zu Unit FUNKTION.PAS von Projekt ROUTINE.DPR}
Const Z:Integer = 10;                  {(1) vordefinierte Variable}

Function Plus1 (X: Integer): Integer;          {(2) }
Begin
  X := X + 1;
  ShowMessage('X in Plus1: ' + IntToStr(X));
  Result := X;                                 {(3) }
End;

Procedure TFormFunktion.Button1Click(Sender: TObject);
Begin
  Z := Plus1(Z);                               {(4) Aufruf}
  Label1.Caption := 'Z in Form: ' + IntToStr(Z);  {(5) }
End;
```

(1) Im Gegensatz zu PROZEDUR.PAS wird auf den Initialization-Teil verzichtet, um über eine **typisierte Konstante** (initialisierte Variable) Z:=10 als Anfangswert bereitzustellen.

(2) Funktionsdeklaration mit X als Werteparameter und Integer als Ergebnistyp (Datentyp des Funktionsergebnisses).

(3) Im Anweisungsteil muß mindestens einmal das Ergebnis der Result-Variablen oder dem Funktionsnamen (siehe PlusN) zugewiesen werden.

(4) Beim Aufruf Z=10 in den Parameter X kopieren. X auf 11 erhöhen und bei Verlassen der Funktion 11 als Funktionsergebnis nach Z übergeben.

(5) Das formglobale Z hat nun ebenfalls den Wert 11 erhalten.

Integer-Funktion PlusN mit Variablenparameter Z

```
Function PlusN (Var Z: Integer; n:Integer): Integer;
Begin
  Z := Z + n;
  ShowMessage('Z in PlusN: ' + IntToStr(Z));
  PlusN := Z;                                  {(6) }
End;

Procedure TFormFunktion.ButtonNClick(Sender: TObject);
Begin
  Label1.Caption:= 'Z in Form: ' + IntToStr(PlusN(Z,9));  {(7)}
End;
```

(6) Das Funktionsergebnis Z dem Funktionsnamen PlusN zuweisen. Ohne diese Zuweisung meldet Delphi einen Fehler. Gleichwohl: Die Funktion liefert den um 9 erhöhten Wert gleich zweimal an ButtonNClick zurück: Über Z als Variablenparameter und über das Fuktionsergebnis.

(7) Funktionsergebnis wird direkt an die IntToStr-Funktion gegeben.

Die Funktionsdeklaration besteht aus drei Teilen. Das Funktionsergebnis der Result-Variablen oder dem Funktionsnamen zuweisen.

```
Function FktName[(Parameterliste)]:Ergebnistyp;   {Kopf der Funktion}
  [Deklarationen;]                                 {Vereinbarungsteil}
  Begin
    Anweisungen;                                   {Anweisungsteil}
    Result/FktName := Funktionsergebnis;
    Anweisungen;
  End;
```

Das Funktionsergebnis abliefern an ... (Funktionsaufruf-Beispiele)

```
ShowMessage('Wert: ' + IntToStr(Plus1(Z));   Parameter
If Plus1(Z) > 100 Then ...;                  Vergleichsausdruck
While 0 < Plus1(VV) Do ...;                  Vergleichsausdruck
Summe := Plus1(A) + 44;                      Rechenausdruck
Ergebnis := Plus1(666);                      Variable
Zahl88IstGespeichert := Plus1(i) = 88;       Vergleichsausdruck
```

Delphi behandelt den Funktionsaufruf sehr großzügig

Wird das Funktionsergebnis nicht weiterverwendet, dann kann man eine Funktion auch wie Prozedur aufrufen. Der Funktionsaufruf
```
Plus1(Z);
```
wird von Delphi akzeptiert, obwohl das Funktionsergebnis nicht abgeliefert werden kann und somit unberücksichtigt bleibt.

2.3.4.2 Komponente als Parameter

Problemstellung zu Unit EREIG3.PAS: Die Unit EREIG2.PAS von Projekt EREIGNIS.DPR (siehe Bild 1-12) so erweitern, daß leere Eingaben in EditDM sowie EditFF, die Delphi mit einem Fehlerabbruch quittiert, über die Funktion Leer abgewiesen werden.

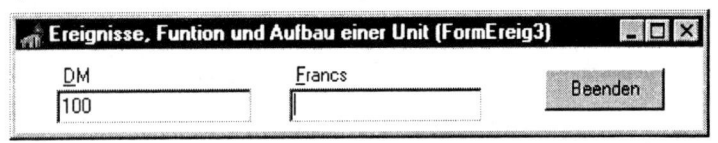

Bild 2-13: Ausführung zu EREIG3.PAS (Leereingabe in EditFF wird abgewiesen)

```
Implementation                           {von Unit EREIG3.PAS}
Function Leer(EditN: TEdit): Boolean;    {(1) Fkt-Deklaration}
Begin
  Result := EditN.Text = '';             {(2) True oder False?}
End;
```

```
Procedure TFormEreig3.EditDMChange(Sender: TObject);
Begin
  If Leer(EditDM)                   {(3) Leere Eingabe?}
    Then Begin EditDM.Text := '1';  {(4) }
               Exit;                {(5) Prozedurende!}
         End;
    EditFF.Text := FloatToStr(StrToFloat(EditDM.Text) * 3);
End;

Procedure TFormEreig3.EditFFKeyPress(Sender: TObject;
                                    Var Key: Char);
Begin
  If Key = Chr(13) Then
    If Not Leer(EditFF)             {(6) Eingabe Ok?}
      Then
        EditDM.Text := FloatToStr(StrToFloat(EditFF.Text) /3);
End;
```

(1) EditN als Werteparameter vom Typ TEdit, also vom Editfeld-Typ. Leer als Boolean-Funktion, da Boolean als Ergebnistyp (True oder False) vereinbart ist.

(2) Zwei identische Codes, um True oder False nach Result zuzuweisen:

```
If EditN.Text = ''                  Result := EditN.Text = '';
  Then Result := True
  Else Result := False;
```

(3) Aufruf von Prozedur Leer, wobei EditDM als Name der linken Editfeld-Komponente (siehe Bild 2-13) der Instanzvariablen EditN übergeben wird.

(4) Dem Editfeld EditDM.Text muß ein gültiger Wert zugewiesen werden, da jede Zuweisung an die Text-Eigenschaft ein Change-Ereignis auslöst.

(5) Die Exit-Anweisng verläßt die Prozedur.

(6) Nun EditFF in den Parameter EditN kopieren. Das Funktionsergebnis von Leer(EditFF) ist True bzw. False. Der Not-Operator negiert dieses Ergebnis in False bzw. True.

2.3.5 Geltungsbereich von Bezeichnern

Der Geltungsbereich von Konstanten, Variablen, Typen, Prozeduren, Funktionen, Methoden und weiteren Bezeichnern kann *lokal, formlokal (privat)* oder *global (public, öffentlich)* sein.

Geltungsbereich von Variablen und Konstanten

Der Geltungsbereich einer Variablen wird durch die Stelle innerhalb einer Unit festgelegt, an der die Variable deklariert wird (Bild 2-14).

Wo deklariert?	Wo gültig bzw. bekannt?	Beispiel?
In einer Prozedur oder Funktion: **lokal**	Nur innerhalb der jeweiligen Routine (Prozedur, Funktion).	i in Prozedur ButtonForClick (Kapitel 2.2.3).
Im Implementation-Teil der Unit oben: **formlokal, private**	In dieser Unit, d. h. in allen darin deklarierten Prozeduren und Funktionen.	Z in Unit PROZEDUR.PAS (Kapitel 2.3.2).
Im Interface-Teil der Unit (Bild 2-9): **Global, öffentlich bzw. public**	Überall in der Unit und in allen Programmteilen, die diese Unit benutzen.	FormP als Formvariable in PROZEDUR.PAS (Kapitel 2.3.2)

Bild 2-14: Der Geltungsbereich von Variablen ist lokal, formglobal oder global

Bei gleichnamige Variablen gilt stets der lokalere Bezeichner (siehe Ausblenden-Regel in Kapitel 2.3.3.1). Prinzip: Variablen möglichst lokal deklarieren, um Nebeneffekte zu vermeiden.

Geltungsbereich von Routinen (Prozedur, Funktion, Methode)

Für Routinen sind dieselben Geltungsbereiche wie für Variablen zu unterscheiden.

Lokale Routine: In einer Prozedur deklariert und nur dort bekannt.

Formlokale Routine: Im Implementation-Teil der Unit deklariert.

Globale Routine: Drei-Schritte-Vorgehen, um eine Prozedur bzw. Funktion auch anderen Units zur Verfügung zu stellen:

1. In Quell-Unit: Prozedurkopf im Interface-Teil angeben.
2. In Quell-Unit: Prozedurdeklaration im Implementation-Teil angegeben.
3. In Ziel-Unit: Den Namen der Quell-Unit (in der die Prozedur mit Schritt 1 und 2 vereinbart ist) in die Uses-Anweisung eintragen.

Zugriff auf Deklarationen außerhalb des Geltungsbereichs mit "."

Dem Namen der Deklaration den Namen des Blocks, in dem sie vereinbart ist, und einen Punkt voranstellen.

```
Blockname.Deklaration
```

Beispiel: PROZEDUR.PAS in Kap. 2.3.2: In Button1Click kann mit

```
Label1.Caption := '...'
```

die Komponente Label1 erreicht werden. In Prozedur Plus1 muß

```
FormP.Label1.Caption := '....'
```

mit FormP einen Block angeben, der außerhalb des Geltungsbereichs liegt.

3 Objektorientierte Programmierung

3.1 Drag and Drop (Ziehen und Loslassen)

Problemstellung zu Unit DRAG1.PAS: Die Komponenten GroupBox1, ScrollBar1, TrackBar1, Label1, Label2, Button1 und Edit1 mit der Maus ziehen (Dragging). Während des Ziehens über Memo1 dessen Hintergrund rot einfärben (DragOver-Ereignis). Beim Loslassen der Maus über der ListBox den Namen der gezogenen Komponente in die Liste eintragen (DragDrop-Ereignis) bzw. in ScrollBar1 den Schieber um 10 Pixel erhöhen (DragEnd-Ereignis).

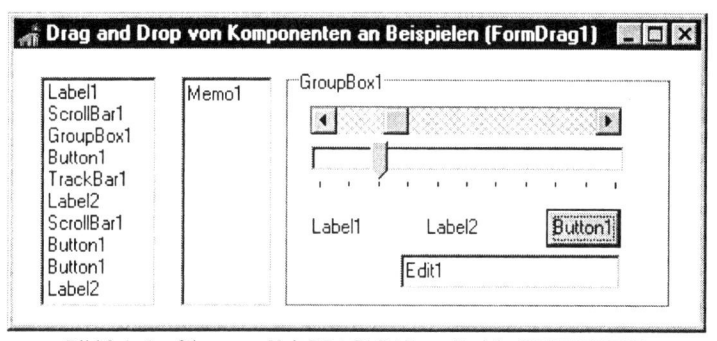

Bild 3-1: Ausführung zu Unit DRAG1.PAS von Projekt OBJEKTE.DPR

Vier Schritte kennzeichnen das Drag and Drop

1. *Objekte als Quelle (Source) festlegen,* für die das Ziehen möglich sein soll: DragMode-Eigenschaft, BeginDrag-Methode für die Quelle.
2. *Gezogene Objekte auf dem Weg von Quelle zum Ziel akzeptieren:* DragOver-Ereignis für das Ziel.
3. *Objekte über einem Ziel loslassen:* DragDrop-Ereignis für das Ziel.
4. *Das Loslassen für die Quelle verarbeiten:* EndDrag-Ereignis für Quelle.

Das Ziehen über die DragMode-Eigenschaft beginnen (Schritt 1)

Die GroupBox1 sowie alle ihre Komponenten sollen gezogen werden können, also als Quelle zum Ziehen dienen. Hierzu jeweils die DragMode-Eigenschaft von dmManual auf dmAutomatic setzen. Beispiel:

```
Label2.DragMode := dmAutomatic;
```

Nun beginnt das Ziehen automatisch, sobald der Benutzer mit der Maus auf Label2 zeigt. Alternative: Voreinstellung dmManual lassen und später über die Methode *Label1.BeginDrag* das Ziehen beginnen.

Während des Ziehens DragOver-Ereignisse verarbeiten (Schritt 2)

Wird eine Komponente über dem Textfeld Memo1 gezogen, dann empfängt Memo1 wiederholt ein DragOver-Ereignis. Beim Eintreten soll Memo1 rot eingefärbt werden (dritter State-Zustand ist dsDragMove):

```
Procedure TFormDrag1.Memo1DragOver(Sender, Source: TObject;
      X,Y: Integer; State: TDragState; Var Accept: Boolean);
Begin
  If State = dsDragEnter Then Memo1.Color := clRed;
  If State = dsDragLeave Then Memo1.Color := clNone;
End;
```

Den Variablenparameter Accept auf True setzen, um die gezogene Komponente zu akzeptieren. Nur so kann diese Komponente später über ListBox1 losgelassen werden (bzw. ein DragDrop-Ereignis verarbeitet werden).

```
Procedure TFormDrag1.ListBox1DragOver(Sender, Source: TObject;
      X,Y: Integer; State: TDragState; Var Accept: Boolean);
Begin
   Accept := True;
End;
```

Das Loslassen über ein DragDrop-Ereignis verarbeiten (Schritt 3)

Sobald eine Komponente (wie Label2) über der ListBox1 losgelassen wird, übergibt die ListBox1DragDrop-Ereignisprozedur die Quelle des gezogenen Elements (hier Label2) sowie dessen derzeitige Koordinaten an die Parameter Source sowie X und Y.

```
Procedure TFormDrag1.ListBox1DragDrop(Sender, Source: TObject;
                                  X,Y: Integer);
Begin
  If Not (Source Is TEdit) Then
    ListBox1.Items.Add((Source As TComponent).Name);
End;
```

Der Operator As deklariert die Objektvariable Source

Zur Entwurfszeit ist nicht bekannt, welche Komponente über ListBox1 abgesetzt wurde. Deshalb über

```
(Source As TComponent).Name          {hier auch TObject möglich}
```

die losgelassene Komponente ermitteln und ihre Name Eigenschaft als nächsten Eintrag in die ListBox hinzufügen (Bild 3-1).

Dem Parameter Source wurde das mit der Maus gezogene Objekt zugewiesen. Source ist eine Objektvariable vom Typ TObject, also vom "Urahn"-Objekttyp von Delphi (siehe Verzeichnis 3-5).

3 Objektorientierte Programmierung **39**

Der Operator Is prüft den Typ der Objektvariablen Source

Werden Editfelder losgelassen, dann soll ihr Name nicht in die ListBox1 eingetragen werden. Dazu über
```
(Source Is TEdit)
```
True liefern, wenn die gezogene Quelle ein Editfeld ist. Alternativ könnte man in ListBox1DragOver codieren (zwei Möglichkeiten):
```
If Not (Source Is TEdit)     Accept := Not (Source Is TEdit);
  Then Accept := True;
```

Das Loslassen über ein EndDrag-Ereignis verarbeiten (Schritt 4)

Mit dem Loslassen beim Dragging wird ein DragDrop-Ereignis an das Objekt gesendet, über der die gezogene Komponente abgesetzt wurde. Außerdem wird ein EndDrag-Ereignis an die Komponente gesendet, die gezogen wurde. Wird die ScrollBar1 abgesetzt, dann soll der Schieber der Bildlaufleiste durch Erhöhen der Position-Eigenschaft um 10 Pixel nach rechts bewegt werden:
```
Procedure TFormDrag1.ScrollBar1EndDrag(Sender,Target: TObject;
                                      X,Y: Integer);
Begin
  If (Target Is TListBox) Then
    ScrollBar1.Position := ScrollBar1.Position + 10;
    TrackBar1.Position := ScrollBar1.Position Div 10;
End;
```
Der Target-Parameter liefert die Ziel-Komponente, über der das Ziehen beendet wurde. Ohne die Abfrage
```
If (Target Is TListBox) Then ...;
```
würde die Position der ScrollBar1 beim Beenden des Ziehvorgangs über einem beliebigen Objekt erhöht – und nicht nur über ListBox1.

Gegebenenfalls liefert Target den Wert Nil (nichts):
```
If Target = Nil Then
  ShowMessage ('Loslassen wurde von keinem Objekt akzeptiert.');
```

Komponente TrackBar1 an Komponente ScrollBar1 koppeln

Die TrackBar1 soll ihre Position automatisch an die ScrollBar1 anpassen. Dazu mit *Div 10* ganzzahlig dividieren, da die Maximalposition bei TrackBar1 nur bei 10 gegenüber 100 liegt. Bei
```
TrackBar1.Position := ScrollBar1.Position Div 10;
```
liegt eine *einseitige Kopplung* vor (ohne Rückkopplung von TrackBar1 nach ScrollBar1).

Objekte bei m Beenden des Dragging verschwinden lassen

Das Textfeld Memo1 soll als "Grab" dienen: Wird Label1 oder Label2 über Memo1 losgelassen, dann soll die jeweilige Komponente über die Visible-Eigenschaft unsichtbar gemacht werden.

```
Procedure TFormDrag1.Memo1DragDrop(Sender, Source: TObject;
                                  X,Y: Integer);
Begin
  If (Source Is TLabel) Then           {Objekttyp TLabel?}
    (Source As TLabel).Visible := False;  {Welches Objekt?}
End;
```

TControl als Klasse für alle Dialogelemente

Der nicht-visuelle Objekttyp TControl stellt alle Eigenschaften, Methoden und Ereignisse bereit die visuelle Dialogelemente brauchen.

Eigenschaften:

Caption	Color	DragCursor	DragMode
Font	IsControl	MouseCapture	ParentColor
ParentFont	ParentShowHint	PopupMenu	Text

Methoden:

CancelModes	ChangeScale	Click	DblClick
DefaultHandler	DefineProperties	DragCanceled	GetClientOrigin
getClientRect	GetDeviceContext	GetPalette	HasParent
MouseDown	MouseMove	MouseUp	Notification
PaletteChanged	Perform	ReadState	SetClientSize
SetParent	SetName	SetZOrder	UpdateBoundsRect
VisibleChanging	WindProc		

Standardereignisse für Dialogelemente (in TControl)

Click	DblClick	DragDrop	DragOver
EndDrag	MouseDown	MouseMove	MouseUp

Standardereignisse für Standarddialogelemente (in TWinControl)

Enter	Exit	KeyDown	KeyPress
KeyUp			

Verzeichnis 3-1: Eigenschaften, Methoden und Ereignisse von Objekttyp TControl
(Hierarchie der Objekte siehe Verzeichnis 3-5)

3 Objektorientierte Programmierung **41**

3.2 Auf ein Canvas-Objekt zeichnen

Delphi stellt die Canvas als Zeichenfläche bereit. Die Canvas-Eigenschaft gibt für Komponenten wie Bitmap, ComboBox, DrawGrid, Image, PaintBox, Printer, StatusBar und StringGrid sowie die Form Zugriff auf die Zeichenfläche und deren Zeichenmethoden.

3.2.1 Beim Drücken der Maustaste zeichnen

Problemstellung zu Unit GRAFIK1.PAS: An der MouseDown-Position die Koordinaten (X,Y) als Text anzeigen und von diesem Punkt aus bis zur MouseUp-Position eine Linie zeichnen.

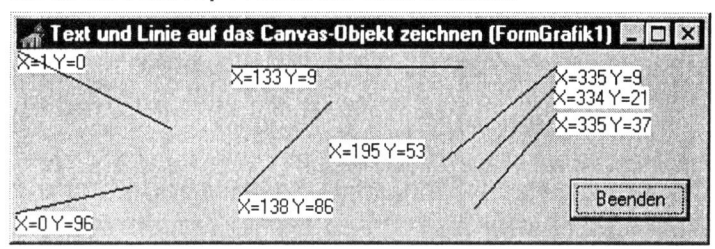

Bild 3-2: Ausführung zu Unit GRAFIK1.PAS von Projekt OBJEKTE.DPR

Grafikmethoden TextOut und MoveTo

```
Procedure TFormGrafik1.FormMouseDown(Sender: TObject; Button:      {(1)}
                TMouseButton; Shift: TShiftState; X, Y: Integer);
Begin
  Canvas.TextOut(X, Y, 'X=' + IntToStr(X)+' Y='+IntToStr(Y));     {(2)}
  Canvas.MoveTo(X, Y);                    {(3) Zeichenposition setzen}
End;
```

(1) Das MouseDown-Ereignis tritt auf, sobald die Maustaste gedrückt wird.
(2) Die TextOut-Methode gibt die aktuelle Cursorposition aus.
(3) Die MoveTo-Methode setzt die Stiftposition (Zeichenstift Pen) an die angegebenen Koordinaten (Punkt (0,0) oben links).

Grafikmethode LineTo zum Zeichnen einer geraden Linie

```
Procedure TFormGrafik1.FormMouseUp(Sender:TObject; Button:     {(1)}
                TMouseButton; Shift: TShiftState; X, Y: Integer);
Begin
  FormGrafik1.Canvas.LineTo(X,Y)          {(2) Linie bis (X,Y) ziehen}
End;
```

(1) Das MouseUp-Ereignis tritt beim Loslassen der Maustaste auf.
(2) Die LineTo-Methode zeichnet eine Linie von der aktuellen (über MoveTo gesetzten) Stiftposition bis zum angegebenen Punkt (X,Y).

3.2.2 Beim Bewegen der Maus zeichnen

Problemstellung zu Unit GRAFIK2.PAS: Über das bei jedem Bewegen der Maus gemeldete MouseMove-Ereignis auf die Zeichenfläche bzw. Canvas einer Image- bzw. Bildfeld-Komponente (oben hell) sowie auf die Canvas der Form (unten grau) zeichnen:

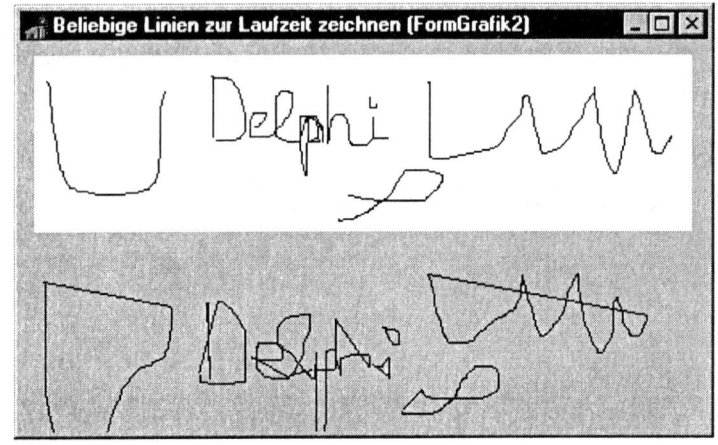

Bild 3-3: Ausführung zu Unit GRAFIK2.PAS von Projekt OBJEKTE.DPR

Auf die Canvas des Bildfeldes Image1 Linien zeichnen

```
Var MausTasteUnten: Boolean; Startpunkt: TPoint;   {(1) Zwei Merker}
Procedure TFormGrafik2.Image1MouseDown(Sender: TObject;
   Button: TMouseButton; Shift: TShiftState; X, Y: Integer);
Begin
  Image1.Canvas.MoveTo(X,Y);                       {(2) Stiftposition}
  MausTasteUnten := True;
End;
Procedure TFormGrafik2.Image1MouseMove(Sender: TObject;
                             Shift: TShiftState; X, Y: Integer);
begin
  If MausTasteUnten Then                           {(3) Linie weiter}
    Image1.Canvas.LineTo(X, Y);
End;
Procedure TFormGrafik2.Image1MouseUp(Sender: TObject;
         Button: TMouseButton; Shift: TShiftState; X, Y: Integer);
Begin
  Image1.Canvas.LineTo(X, Y);                      {(4) Linie beenden}
  MausTasteUnten := False;
End;
```

3 Objektorientierte Programmierung 43

(1) Zwei Hilfsvariablen entweder im Implementation-Abschnitt (formglobal) oder unter Public (projektglobal) deklarieren.

(2) Beim Drücken der Maustaste über dem Bildfeld Image1 die Stiftposition auf die aktuelle Position setzen und dies über den Flag MaustasteUnten merken. Ersetzt man Image1.Canvas durch Canvas, dann wird auf die Zeichenfläche der Form gezeichnet.

(3) Das MouseMove-Ereignis wird bei jeder Bewegung der Maus gemeldet – unabhängig davon, ob dabei die Maustaste gedrückt ist oder nicht. Flag MaustasteUnten stellt sicher, daß eine Linie nur bei gedrückter Maustaste gezogen wird.

(4) Das Loslassen der Maustaste über den Flag MaustasteUnten merken.

Auf die Canvas der Form Linien und Geraden zeichnen

In Bild 3-3 unten soll nach dem Zeichnen einer gebogenen Linie zusätzlich eine Gerade vom Endpunkt zum Startpunkt erscheinen.

```
Procedure TFormGrafik2.FormMouseDown(Sender: TObject;
          Button: TMouseButton; Shift: TShiftState; X, Y: Integer);
Begin
  Canvas.MoveTo(X,Y);
  MaustasteUnten := True;
  Startpunkt := Point(X,Y);              {(1) Punkt merken}
End;

Procedure TFormGrafik2.FormMouseMove(Sender: TObject;
                        Shift: TShiftState; X, Y: Integer);
Begin
  If MaustasteUnten Then                 {(2) Hilfslinie }
    Canvas.LineTo(X, Y);
End;

Procedure TFormGrafik2.FormMouseUp(Sender: TObject; Button:
                TMouseButton; Shift: TShiftState; X, Y: Integer);
Begin
  Canvas.MoveTo(Startpunkt.X, Startpunkt.Y); {(3) Gerade zeichnen}
  Canvas.LineTo(X, Y);
  MaustasteUnten := False;
End;
```

(1) Die Point-Funktion speichert den aktuellen Punkt in Startpunkt.

(2) Bei jeder Bewegung der Maustaste die gebogene Linie zur aktuellen Mausposition weiterzeichnen (wie bei Bild 3-3 oben).

(3) Die Stiftposition mit MoveTo auf den Startpunkt setzen und dann mit LineTo eine Gerade von dort zur aktuellen MouseUp-Position zeichnen. Sollen die Geraden (in Bild 3-3 unten) ohne die gebogenen Hilfslinien gezeichnet werden, dann die MouseMove-Ereignisprozedur weglassen.

3.2.3 Figuren zeichnen

Problemstellung zu Unit GRAFIK3.PAS: Figuren wie Ellipsen und Rechtecke mit der Maus auf das Bildfeld Image1 zeichnen und wahlweise grau einfärben. Image1 ist in das Bildlauffeld ScrollBars1 eingebettet, das auf der Form liegt.

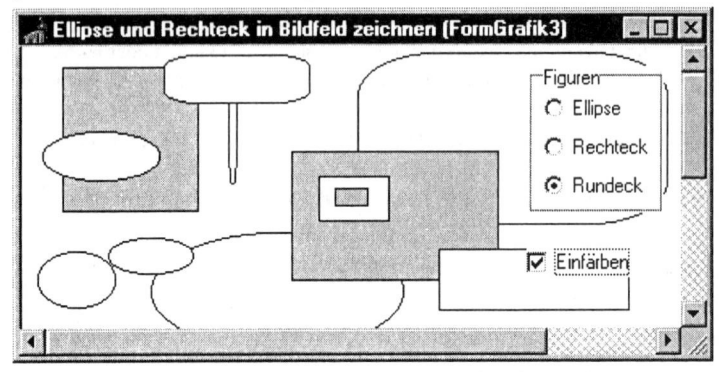

3-4: Ausführung zu Unit GRAFIK3.PAS von Projekt OBJEKTE.DPR

Containerprinzip: RadioGroup auf Image auf ScrollBox auf Form

1. Auf der Form namens FormGrafik3 das Bildlauffeld ScrollBox1 aufziehen und dessen Eigenschaften Height und Width größer als die der Form einstellen, um die Form mit Bildlaufleisten zu versehen.
2. **Client und Container:** Auf der ScrollBox1 das Bildfeld Image1 aufziehen und dessen Align-Eigenschaft von alNone auf alClient ändern. damit nimmt Image1 (als *Client*) stets den gesamten Bereich von ScrollBox1 (als *Container*) ein. Die Align-Eigenschaft bestimmt die Ausrichtung einer Komponente mit den Eigenschaftwerten alNone, alButton, alClient, clLeft, alRight und alTop.
3. Auf Image1 die Komponenten GroupBox1 und CheckBox1 aufziehen und gemäß Bild 3-4 rechts plazieren.

Für das Bildfeld Image1 wurde mittels ScrollBox1 ein bildlauffähiger Bereich geschaffen, dessen Canvas größer ist als die der zugrundeliegenden Form (vgl. die "abgeschnittene" Ellipse in Bild 3-4 unten).

Figuren auswählen über Konstanten des Aufzählungstyps TFigur

```
Type                        {Interface-Bereich von GRAFIK3.PAS}
  TFigur = (grEllipse, grRechteck, grRundeck);  {(1) Aufzählungstyp}
  TFormGrafik3 = class(TForm)    {von Delphi vorgegeben}
    ScrollBox1: TScrollBox;      {von Delphi eingetragen}
```

3 Objektorientierte Programmierung **45**

```
Var                       {im Implementatonteil der Unit ganz oben}
  Figur: TFigur;                              {(2) Objektvariable}
  Startpunkt: TPoint;                         {wie bei GRAFIk2.PAS}
Procedure TFormGrafik3.RadioGroup1Click(Sender: TObject);
Begin
  Case RadioGroup1.ItemIndex Of               {(3) Welche Option?}
    -1: ShowMessage('Keine Grafikform gewählt!');
     0: Figur := grEllipse;
     1: Figur := grRechteck;
     2: Figur := grRundeck;
  End;
End;
```

(1) Über den Aufzählungstyp TFigur drei Konstanten grEllipse, grRechteck und grRundeck für die zu zeichnenden Figuren deklarieren.

(2) Die Variable Figur für die Figurenauswahl entweder unitglobal (im Implementationteil) oder projektglobal (im Interfaceteil) deklarieren.

(3) Figur auf einen der drei gewählten Werte setzen, sobald eines der Optionsfelder in der RadioGroup1 angeklickt wird..

Die gewählte Figur zeichnen oder eine Figur mit Farbe füllen

```
Procedure TFormGrafik3.Image1MouseDown(Sender: TObject;
  Button: TMouseButton; Shift: TShiftState; X, Y: Integer);
Begin
  If CheckBox1.Checked Then
    Begin
      Image1.Canvas.Brush.Color := clBtnFace;
      Image1.Canvas.FloodFill(X,Y,clBlack,fsBorder); {(4) färben}
      Image1.Canvas.Brush.Color := clWhite;
    End
  Else
    Begin                                     {(5) starten}
      Startpunkt := Point(X,Y); Image1.Canvas.MoveTo(X,Y);
    End;
End;

Procedure TFormGrafik3.Image1MouseUp(Sender: TObject; Button:
                 TMouseButton; Shift: TShiftState; X, Y: Integer);
Begin
  If Not CheckBox1.Checked Then
  With Image1 Do                  {(6) Image1 als Bezug weglassen}
  Case Figur Of
    grEllipse: Canvas.Ellipse(Startpunkt.X,Startpunkt.Y,X,Y);   {(7) }
    grRechteck: Canvas.Rectangle(Startpunkt.X,Startpunkt.Y,X,Y);
    grRundeck: Canvas.RoundRect(Startpunkt.X,Startpunkt.Y,X,Y,  {(8) }
              (Startpunkt.X-X)Div 2, (Startpunkt.Y-Y)Div 2);
  End;
End;
```

(4) Wurde CheckBox1 gesetzt, dann bei jedem Drücken der Maustaste die Figur einfärben, auf die der Mauszeiger weist.Die FloodFill-Methode füllt die Zeichenfläche um den Punkt (X,Y) grau (clBtnFace) aus, bis schwarz (clBlack) als Rahmenfarbe (fsBorder) gefunden wird. Um den Punkt die Farbe des Punktes zeichnen bzw. übernehmen:
```
Image1.Canvas.FloodFill(X, Y, Canvas.Pixels[X,Y], fsSurface);
```
Danach wieder die alte Farbe clWhite als Füllfarbe einstellen.
(5) Wurde die CheckBox1 nicht gesetzt, dann soll gezeichnet werden: Dazu den Startpunkt merken.
(6) Die Anweisung With bewirkt, daß bei Anweisungen im Do-Block der Verweis *Image1.* entfallen kann. Zwei identische Anweisungen:
```
Image1.Canvas.Ellipse(...);        Canvas.Ellipse(...);
```
(7) Je nach Auswahl (siehe oben (1)) die gewünschte Figur zeichnen.
(8) Die Abrundungen des Rechtecks festlegen.

Canvas.Arc(X1,Y1, X2,Y2, X3,Y3, X4,Y4);
Einen Bogen einer Ellipse zeichnen, die vom Kreis (X1,Y1,X2,Y2) umschlossen wird. Von (X3,Y3) nach (X4,Y4) gegen Uhrzeigersinn zeichnen.

Canvas.Chord(X1,Y1, X2,Y2, X3,Y3, X4,Y4);
Wie Arc, aber eine Sehne von Anfangs- zum Endpunkt der Ellipse zeichnen.

Procedure CopyRect(Dest:TRect, Canvas:TCanvas; Source: TRect);
Rechteckbereich innerhalb oder in eine andere Canvas kopieren. Zielrechteck Dest, Quellzeichenfläche Canvas und Quellrechteck Source.

Procedure Draw(ACanvas:TCanvas; Const Rect:TRect);
Bitmap-Grafik in den mit Rect gegebenen Rechteckbereich der Zeichenfläche ACanvas kopieren. Grafik ggf. auf die Größe von Rect strecken.

Procedure Ellipse (X1, Y1, X2, Y2: Integer);
Canvas. Ellipse(0,0,120,120 bzw. Canvas.Ellipse (0,0,120,60);
Kreis mit Radius 60 und Mittelpunkt (60,60) bzw. Ellipse im Kreis zeichnen.

Procedure FloodFill(X1,Y1:Integer; Color:TColor; FillStyle:TFillStyle);
Canvas.FloodFill(X,Y, clRed, fsBorder);
Fläche um Punkt (X,Y) mit der Brush.Color-Frabe füllen, bis rot erreicht ist.

Procedure LineTo(X,Y:Integer);
Canvas.LineTo(X,Y);
Eine Linie von der aktuellen Stiftposition (MoveTo) zu (X,Y) zeichnen. Dabei gilt Pen.Color und Pen.Style.

Procedure MoveTo(X,y: Integer);
Canvas.MoveTo(X,Y);
Die Stiftposition innerhalb der Zeichenfläche auf Punkt (X,Y) setzen.

Procedure Pie(X1,Y1,X2,Y2, X3,Y3, X4,Y4: LongInt);
Ein Kreis- oder Ellipsensegment zeichnen. Parameter gemäß Arc.

3 Objektorientierte Programmierung

Procedure Polygon(Points: Array Of TPoint);
Canvas.Polygon([Point(20,20), Point(60,30), Point(260,159)]);
Punkte zu einem geschlossenen Vieleck verbinden und mit BrushColor füllen.

Procedure PolyLine(Points: Array Of TPoint);
Eine Linie durch mehrere Koordinaten zeichnen. Entsprechend Polygon.

Procedure Rectangle(X1,Y1, X2,Y2: Integer);
Canvas.Rectangle(X,Y,220,150);
Rechteck/Quadrat mit (X,Y) links oben und (220,150) rechts unten zeichnen.

Procedure RoundRect(X1,Y1, X2,Y2, X3,Y3: Integer);
Canvas.RoundRect(X1,Y1,X2,Y2,(X1-X2) Div 2),(Y1-Y2) Div 2);
Wie Rectangle, jedoch mit abgerundeten Ecken zeichnen. Ecken als Viertel einer Ellipse mit Breite X3 und Höhe Y3.

Procedure StretchDraw(Const Rect:TRect; Graphic:TGraphic);
Eine Grafik in ein Rechteck kopieren (wie Draw), um das kopierte Bitmap durch Stauchen, Strecken an den Rechteckbereich anzupassen.

Procedure TextOut(X,Y:Integer; Text:String);
Canvas.TextOut(X,Y,'Ausgabetext');
Text ab einem Punkt in Font-Schrift und Brush-Hintergrundfarbe ausgeben.

Function TextHeight(Const Text:String): Integer;
Canvas.TextHeight(s);
Die Höhe des Textes bzw. Strings s in Pixels angeben.

Procedure TextOut(X,Y:Integer; Const Text:String);
Canvas.TextOut((X-Canvas.TextWidth(s)) Div 2, Y, s);
Den Textstrings s auf der Zeichenfläche ausgeben. Den Anfangspunkt zur Ausgabe von links (Voreinstellung) in die Textmitte legen.

Verzeichnis 3-2: Methoden für die Canvas-Zeichenfläche

Property Brush:TBrush;
Canvas.Brush.Color := clRed;
Farbe zum Füllen von Ellipse bzw. Rechteck wie auch Text-Hintergrund festlegen. Brush als Pinsel (zum Füllen von Bereichen). Objekt TBrush aus Unit Graphics mit Eigenschaften Color, Style, Handle und Bitmap.
Einige Farben: clAqua, clBackground, clBlack, clBlue, clBtnFace, clBtnShadow, clBtnText, clGrayText, clGreen, clMenu, clNone (farblos), clRed, clSilver, clTransparent, clWhite, clYellow.

Canvas.Brush.Style := bsClear;
Muster der Füllung von bsSolid ändern (hier in bsClear für transparent).

Property Font: TFont;
Canvas.Font.Color := clBlue;
Das TFont-Objekt bestimmt das Schriftbild über Color, Name, Size und Style.

Property Pen: TPen;

> *Canvas.Pen.Color := clBlack;*
> Das TPen-Objekt bestimmt die Stiftform (den Umriß) über Color, Width, Style und Mode. Linienfarbe schwarz.
>
> *Canvas.Pen.Mode := pmNot;*
> Den Modus der Linienfarbe von pmCopy (Standard: Farbe gemäß Color) auf pmNot (invers zum Inhalt des Canvas) einstellen.
>
> *Canvas.Pen.Width := 5;*
> Breite der Linie in Pixel angeben.

Verzeichnis 3-3: Eigenschaften für die Canvas-Zeichenfläche

3.2.4 Bitmap-Objekte betrachten

Problemstellung zu Unit GRAFIK4.PAS: Bitmaps über die Dialog-Komponenten "Datei öffnen" und "Datei speichern" übertragen und über die Objekte Image bzw. Bitmap anzeigen. CONSTRUCT.BMP:

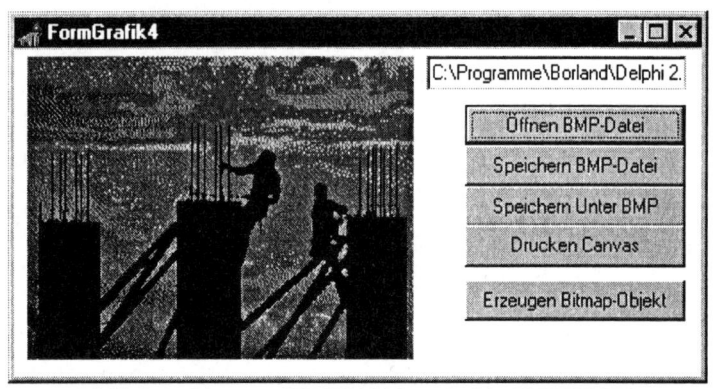

Bild 3-5: Ausführung zu GRAFIK4.PAS von Projekt OBJEKTE.DPR

Dialog OpenDialog1 zum "Datei öffnen" in drei Schritten nutzen

```
OpenDialog1.Filename := 'C:\Programme\Borland\Delphi2.0\Images\
                        Splash\16Color\Earth.Bmp'        {(1) }
Procedure TFormGrafik4.ButtonOeffnenClick(Sender: TObject);
Begin
  If OpenDialog1.Execute Then                            {(2) }
  Begin
    Image1.Autosize := True;
    EditDateiname.Text := OpenDialog1.FileName;          {(3) }
    Image1.Picture.LoadFromFile(EditDateiname.Text);
  End;
```

3 Objektorientierte Programmierung **49**

End;
(1) Startwerte für den Dialog setzen: Zum Beispiel einen Dateinamen bzw. Pfad vorgeben (FileName), Optionen setzen (Options doppeltklicken) bzw. Filter angeben (wie '*.TXT | *.*'). Siehe Bild 3-6.
(2) Dialog starten mittels Execute-Methode: Dialog anzeigen (Bild 3-6). Dialoge sind stets modal: Die Form verarbeitet erst dann wieder Ereignisse, nachdem das Dialogfeld über "Öffnen" oder "Abbrechen" geschlossen worden ist. *SaveDialog1.Execute* liefert True nur dann, wenn der Dialog beendet worden ist.
(3) Dialog-Eigenschaften verwenden: FileName zum Laden der Bitmap mittels LoadFromFile-Methode verwenden.

```
Procedure TFormGrafik4.ButtonSpeichernClick(Sender: TObject);
Begin
  If EditDateiname.Text <> ''
    Then Image1.Picture.SaveToFile(EditDateiname.Text)
    Else ButtonSpeichernUnterClick(Sender);
End;
Procedure TFormGrafik4.ButtonSpeichernUnterClick(Sender: TObject);
Begin
  If SaveDialog1.Execute Then
    Begin
      EditDateiname.Text := SaveDialog1.FileName;
      ButtonSpeichernClick(Sender);
    End;
End;
```

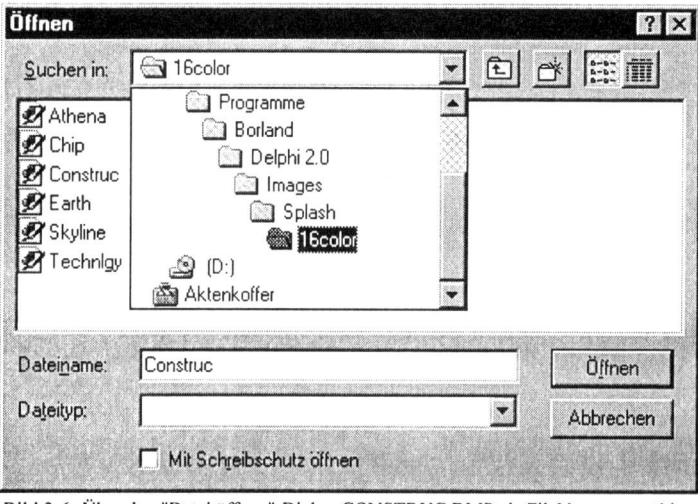

Bild 3-6: Über den "Datei öffnen"-Dialog CONSTRUC.BMP als FileName auswählen

Methode 1: BMP-Datei in Picture-Eigenschaft von Image1 laden

Über ButtonOeffnenClick die Bitmap in das Bildfeld Image1 laden. Nun läßt sich die Grafik bearbeiten, zum Beispiel verkleinern:

```
Procedure TFormGrafik4.Image1DblClick(Sender: TObject);
Begin
  Image1.Autosize := False;                {Autom. Anpassung aus}
  Image1.Width := Trunc(Image1.Width / 2); {Die Breite halbieren}
  Image1.Height := Trunc(Image1.Height / 2);
End;
```

Methode 2: BMP-Datei zunächst in ein Bitmap-Objekt laden

Insbesondere bei größeren Grafikbereichen ist die Verwendung eines Bitmap-Objekts viel schneller als die Methode 1.

```
Procedure TFormGrafik4.ButtonErzeugenClick(Sender: TObject);
Var
  Bitmap1: TBitmap; Rechteck: TRect;                              {(1) }
Begin
  If OpenDialog1.Execute Then
  Begin
    Bitmap1 := TBitmap.Create;                                    {(2) }
    EditDateiname.Text := OpenDialog1.FileName;
    Bitmap1.LoadFromFile(EditDateiname.Text);                     {(3) }
    Rechteck := Bounds(0,0,Image1.ClientWidth, Image1.ClientHeight);
    Image1.Canvas.CopyRect(Rechteck, Bitmap1.Canvas,Rechteck);    {(4) }
  End;
End;
```

(1) Zwei lokale Hilfsvariablen deklarieren.

(2) Objektvariable Bitmap1 initialisieren, also im RAM (leer) einrichten.

(3) BMP-Datei in das Objekt Bitmap1 laden. Da TBitmap ein nicht-visuelles Objekt ist, erscheint die Grafik noch nicht am Bildschirm.

(4) Die CopyRect-Methode (siehe Kapitel 3.2.3) überträgt in das Zielrechteck (1. Parameter) die Quelle (2. Parameter) in dem durch das Quellrechteck (3. Parameter) gegebenen Rechteckbereich. Dabei wird die Grafik entsprechend der Größenvorgabe des 1. Parameters angepaßt.

Die Grafik einer BMP-Datei drucken

```
Procedure TFormGrafik4.ButtonDruckenClick(Sender: TObject);
Begin
  If Image1.HasFormat(CF_BITMAP) Then      {Grafik in Bildfeld?}
  Begin BeginDoc;
        Printer.Canvas.Draw(0,0, Image1.Picture, Graphic);
        EndDoc;
  End;
End;
```

3 Objektorientierte Programmierung **51**

3.3 Benutzerdefinierte Objekte

Visuelle Objekte: Die Komponenten von Delphi sind zumeist zur Entwurfszeit wie Ausführungszeit sichtbar. Dialogfelder (siehe Kapitel 3.2.4) erscheinen nur zur Ausführungszeit.

Nicht-visuelle Objekte: Komponenten wie Timer und DataSource (Datenquelle in Kapitel 5) sind zur Ausführungszeit unsichtbar.

Eigene Objekte: Der Benutzer kann die vordefinierten Objekte ändern bzw. neue Objekte erzeugen – visuell (Kapitel 3.3.1) wie auch nicht-visuell (Kapitel 4.3.2 und Kapitel 5).

3.3.1 Grafikobjekte erzeugen und entfernen

Problemstellung zu Unit GRAFIK5.PAS: Zwei Grafikobjekte vom Typ TKreis erzeugen, zum Zeichnen von Kreisen mit beliebigem Mittelpunkt und Radius verwenden und die Objekte wieder löschen:

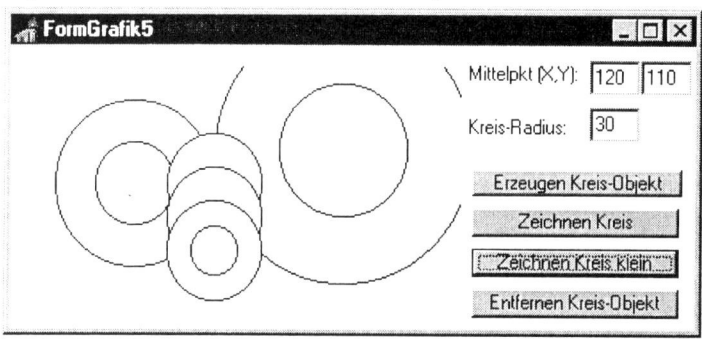

Bild 3-7: Ausführung zu Unit GRAFIK5.PAS von Projekt OBJEKTE.DPR

TKreis als Klasse bzw. Objekttyp deklarieren (Schritt 1)

```
Type
  TKreis = Class                           {(1) Klasse deklarieren}
    X, Y: Integer;
    Radius: Integer;
    Procedure Zeichnen(Ausgabe: TImage);
  End;
Var
  Kreis1, KreisMini: TKreis;               {(2) Objektvariablen}
Procedure TKreis.Zeichnen(Ausgabe: TImage); {(3) Zeichnen-Methode}
Begin
  Ausgabe.Canvas.Ellipse(X-Radius,Y-Radius,X+Radius,Y+Radius);
End;
```

(1) Über die Class-Anweisung den Objekttyp TKreis mit den drei Datenfeldern X, Y, Radius und der Methode Zeichnen vereinbaren, im Interfaceteil der Unit oder (wie hier) im Implementationsteil. Da keine spezielle Oberklassen angegeben wird, erbt TKreis alle Eigenschaften von TObject als der "Urklasse" von Pascal. Identische Anweisungen:

```
TKreis = Class            TKreis = Class(TObject)
```

(2) Die Variablendeklaration legt Kreis1 und KreisMini als Zeiger auf einen Speicherbereich fest, der noch zu reservieren ist. Statt von Speicherreservierung spricht man von Speicherallokation.

(3) Im Gegensatz zu den Daten des Objekts, für die die Variablendeklaration genügt, müssen die Methoden des Objekts noch definiert werden. Dies geschieht hier im Implementationteil der Unit, die auch die Klassendeklaration enthält. Klasse TKreis und Instanzen sind formularglobal.

Die Methode Zeichnen arbeitet auf einer Instanz der Klasse TKreis. Deshalb setzt man mit *TKreis.Zeichnen* den Namen der Klasse dem Namen voran. Methoden stellt man das reservierte Wort Procedure (ohne Rückgabewert) oder Function (mit Rückgabewert) voran.

Kreis1 und KreisMini als Instanzen der Klasse anlegen (Schritt 2)

```
Procedure TFormGrafik5.ButtonErzeugenClick(Sender: TObject);
begin
  Kreis1:= TKreis.Create;              {(4) Zwei eigene Objekte}
  KreisMini := TKreis.Create;
End;
```

(4) Die Create-Methode dient als Konstruktur, da sie Speicherplatz für die Instanz (Kreis1 bzw. KreisMini) vom Typ der Klasse (TKreis) anlegt. Die Instanzen werden auf dem Heap abgelegt – einem speziellen Speicherbereich für dynamisch erzeugte Objekte.

Auf die Daten und Methoden der Objekte zugreifen (Schritt 3)

```
Procedure TFormGrafik5.ButtonZeichnenClick(Sender: TObject);
Begin
  Kreis1.X := StrToInt(EditX.Text);    {Eingabe aus Textfeld EditX}
  Kreis1.Y := StrToInt(EditY.Text);    {(5) }
  Kreis1.Radius := StrToInt(EditRadius.Text);
  Kreis1.Zeichnen(Image1);             {Kreis in Bildfeld ausgeben}
End;
Procedure TFormGrafik5.ButtonZeichnenKleinClick(Sender: TObject);
Begin
  KreisMini := Kreis1;                 {(6) Objekt zuweisen
  KreisMini.Radius := Trunc(KreisMini.Radius / 2); {(7) }
  KreisMini.Zeichnen(Image1);
End;
```

(5) Direkte Zuweisungen an die Datenfelder des Objektes Kreis1.

3 Objektorientierte Programmierung 53

(6) Typgleiche Objekte lassen sich komplett zuweisen. KreisMini erbt alle Eigenschaften von Kreis1, also auch die aktuellen Koordinaten.

(7) KreisMini schreibt einen Kreis mit halbem Radius in Kreis1 (Bild 3-7).

Instanzen bzw. Objekte aus dem RAM entfernen (Schritt 4)
```
Procedure TFormGrafik5.ButtonEntfernenClick(Sender: TObject);
Begin
  Kreis1.Free; KreisMini.Free;        {(8) zwei Objekte löschen}
End;
```
(8) Die Free-Methode als Destruktor gibt den auf dem Heap für das jeweilige Objekt belegten Speicherplatz wieder frei.

3.3.2 Datenkapselung innerhalb des Objektes

Problemstellung zu Unit GRAFIK6.PAS: Auf die Daten und Methoden eines Objekts sollen keine anderen Prozeduren zugreifen können außer die Methoden des Objekts selbst (Datenkapselung). Die Datenfelder X, Y und Radius als Private-Variablen verbergen (kapseln) und auf die Felder nur über eigene Methoden zugreifen. Die Kreise (X=100,Y=70,Radius=60), (90,9,20), (160,50,30), (210,100,40) und (220,100,40) auf ein Bildfeld (Image) zeichnen:

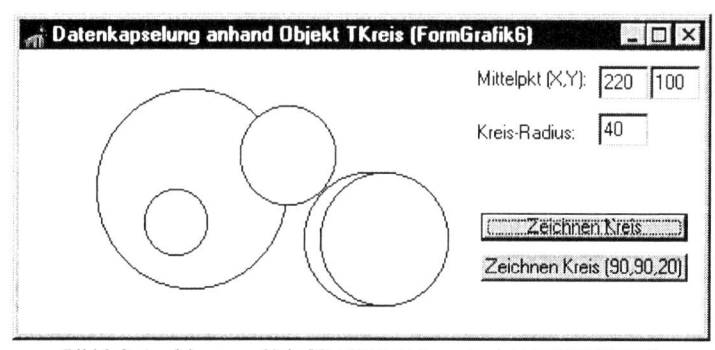

Bild 3-8: Ausführung zu Unit GRAFIK6.PAS von Projekt OBJEKTE.DPR

Klassendeklaration Private, Protected, Public und Published

Diese vier Deklarationsblöcke regeln den Zugriff auf die Daten und Methoden eines Objekts. Ohne Angabe wird Published angenommen.

(1) **Private-Deklarationsblock:** Daten und Methoden in diesem Block lassen sich von außerhalb des Objekts nicht manipulieren. Auf die Datenfelder X, Y und Radius kann nur über die eigenen Methoden (Zuweisen, Lesen... und Zeichnen) zugegriffen werden.

```
Type                             {Im Interface-Teil von FormGrafik6)}
  TKreis = Class                 {Klasse TKreis deklarieren}
    Private
      X, Y, Radius: Integer;     {(1) Datenfelder kapseln, verbergen}
    Protected                    {(2) }
      {zweite Schutzebene}
    Public                       {(3) Öffentlich zugänglich}
      Procedure Zuweisen(einX, einY, einRadius: Integer);
      Function LesenRadius: Integer;
      Function LesenX: Integer;
      Function LesenY:Integer;
    Published                    {(4) Schnittstelle des Objekts}
      Procedure Zeichnen(Ausgabe: TImage);
  End;
Var                              {Implementation-Teil von FormGrafik6}
  Kreis1, KreisMini: TKreis;     {Zwei Objektvariablen}
Procedure TFormGrafik6.FormCreate(Sender: TObject);
Begin
  Kreis1 := TKreis.Create; KreisMini := TKreis.Create;        {(5) }
End;
Procedure TKreis.Zeichnen(Ausgabe: TImage);
Begin
  Ausgabe.Canvas.Ellipse(X-Radius,Y-Radius,X+Radius,Y+Radius);
End;
```

(2) Protected-Block: Kein Zugriff, außer für den Komponenten-Entwickler, der eine neue Komponente auf diese Klasse aufbauend erstellt.

(3) Public-Block: Zugriff zur Laufzeit, nicht zur Entwicklungszeit. Beispiel: Align-Eigenschaft im Public-Abschnitt von TButton vereinbart, da im Objektinspektor nicht angezeigt, zur Laufzeit jedoch verfügbar.

(4) Published-Deklarationsblock als Standard: Diese Vereinbarungen stehen anderen Programmteilen zur Verfügung, bilden somit die *Schnittstelle des Objekts*. Published bleibt immer Published. Public hingegen läßt sich in einem vererbten Objekt auch zu Published machen.

(5) Die Objekte Kreis1 und KreisMini werden beim Starten automatisch erzeugt (in GRAFIK5..PAS hingegen über ButtonErzeugen (Bild 3-7).

Felder X, Y, Radius von Objekt TKreis verbergen bzw. kapseln

```
Procedure TKreis.Zuweisen(einX,einY,einRadius: Integer);
Begin
  X:=einX; Y:=einY; Radius:=einRadius;
End;
Procedure TFormGrafik6.ButtonZeichnenClick(Sender: TObject);
Begin
  Kreis1.Zuweisen(StrToInt(EditX.Text),StrToInt(EditY.Text),
                  StrToInt(EditRadius.Text)); Kreis1.Zeichnen(Image1);
End;
```

3 Objektorientierte Programmierung

```
Procedure TFormGrafik6.ButtonZeichnen90Click(Sender: TObject);
Begin
  KreisMini.Zuweisen(90,90,20);         {(6) Datenfelder beschreiben}
  KreisMini.Zeichnen(Image1);
End;
```

(6) Schreibender Zugriff auf Datenfelder des Objekttyps TKreis: Ein direktes Manipulieren der Datenfelder von TKreis wie etwa

```
Kreis.Mini.X := 90;
```

führt zu einem Fehler, da auf Private-Daten nicht von außerhalb des Objekts zugegriffen werden kann. Dies geschieht über die öffentliche Methode Zuweisen.

```
Function TKreis.LesenRadius: Integer;      {(7) Den Radius lesen}
Begin
  Result := Radius;
End;
```

(7) Lesender Zugriff auf Datenfelder des Objekttyps TKreis: Ein direktes Manipulieren der Datenfelder von TKreis wie etwa

---

Objekttyp = Class(abgeleiteter Objekttyp bzw. Vorfahre)
```
  TKreis = Class([TObject])
    {Deklarationen der Datenfelder (Variablen)}
    {Kopfzeilen der Methoden (Procedure, Function)}
  End;
```
Class als reserviertes Wort deklariert einen neuen Objekttyp als Datenstruktur mit einer festen Anzahl von Feldern (Daten), Methoden (Operationen) bzw. Eigenschaften. Der Nachkommen-Objekttyp die gesamte Funktionalität des Vorfahren-Objekts. Class ist vergleichbar mit Record (siehe Verzeichnis 5-2).

Objektvariable := Objekttyp.Create;
```
  Kreis1 := TKreis.Create;
```
Create-Methode als Konstruktor: Eine Instanz (wie Kreis1) vom gegebenen Objekttyp (wie TKreis) erzeugen und diese dem globalen Heap zuweisen.

Objektvariable.Free;
```
  Try                 {Free-Methode stets in Ressourcen-Schutzblock}
    {Code, der die Instanz Kreis1 verwendet (geschützter Block)}
  Finally
    Kreis1.Free;      {Objekt freigeben, auch Exception im Try- Block}
  End;
```
Free-Methode als Destruktor entfernt die angegebene Instanz als dynamische erzeugtes Objekt wieder aus dem RAM, d. h. gibt den auf dem Heap reservierten Speicherplatz frei.

Verzeichnis 3-4: Methoden für benutzerdefinierte Objekte

3.4 TObject als Basis

3.4.1 Klassenhierarchie von Delphi

Hierarchie: Der Stammbaum in Verzeichnis 3-5 gibt einen Überblick, welche Objekte von Delphi welche Funktionalität besitzen. Alle Objekte stammen von TObject als dem Basis-Objekttyp von Delphi ab (siehe Kapitel 2.3.2 und 3.1). Weiter unter im Stammbaum steht TComponent, das die Basisfunktionalität aller Komponenten enthält.

Vererbung: Ein neues Objekt (Instanz) übernimmt die komplette Funktionalität seines Vorgängers bzw. Objekttyps (Klasse).

Beispiel für eine Komponente: Mit dem Aufziehen einer Komponente namens Button1 auf der Form hat man ein Objekt vom Objekttyp TButton erzeugt. Zieht man hingegen einen BitBtn1 auf, dann liegt eine Instanz der Klasse TBitBtn vor, die wiederum direkt auf TButton basiert.

Beispiel für ein neues Benutzerobjekt: Mit der Instantiierung eines KStriLi-Objekt vom Typ TStrings erhält man ein Stringlisten-Objekt, das alle Eigenschaften von TStrings als Unterklasse von TPersistent umfaßt bzw. erbt (siehe Kapitel 4.3.1).

3.4.2 DPR-Projektdatei und Application-Objekt

Aufbau der Projektdatei

Eine Projektdatei ist eine lesbare Pascal-Quellcodedatei, die sich über das Menü "Ansicht/Projekt-Quelltext" anzeigen läßt. Änderungen sollte man nur über die Projektverwaltung vornehmen lassen. Die Beispieldatei ROUTINE.DPR wurde in Kapitel 2.3.2 besprochen:

```
Program Routine;                              {(1) ROUTINE.DPR}
Uses
  Forms,                                      {(2) }
  Funktion in 'Funktion.pas' {FormFunktion},  {(3) }
  Prozedur in 'Prozedur.pas' {FormP};
  {$R *.RES}                     {Compiler soll Resourcen lesen}
Begin
  Application.Initialize;                     {(4) }
  Application.CreateForm(TFormFunktion, FormFunktion); {(5) }
  Application.CreateForm(TFormP, FormP);
  Application.Run;                            {(6) }
End.
```

3 Objektorientierte Programmierung

(1) Die Projektdatei als "normales" Pascal-Programm wird mit dem reservierten Wort *Program* eingeleitet.
(2) Uses-Abschnitt mit Verweisen auf alle Formen bzw. Funktionsbibliotheken. Hier hat Delphi die Unit Forms mit dem Öffnen der Form hinzugefügt.
(3) Das Projekt umfaßt die beiden Formen FUNKTION.PAS und PROZEDUR.PAS (siehe Kapitel 2.3.2). Diese wurden beim Aufruf von "Datei/Neue Form" eingetragen.
(4) Projektdatei als Kommandozentrale: Beim Ausführungsstart interne Initialisierungen treffen. Der Objekttyp TApplication gehört zur Klasse TComponent links im Stammbaum (Verzeichnis 3-5).
(5) Mit *Application.CreateForm* die beiden Formen erzeugen lassen.
(6) Dann mit *Application.Run* der Hauptform (Startform) des Projekts die Kontrolle übergeben.

Dateien eines Delphi-Projekts

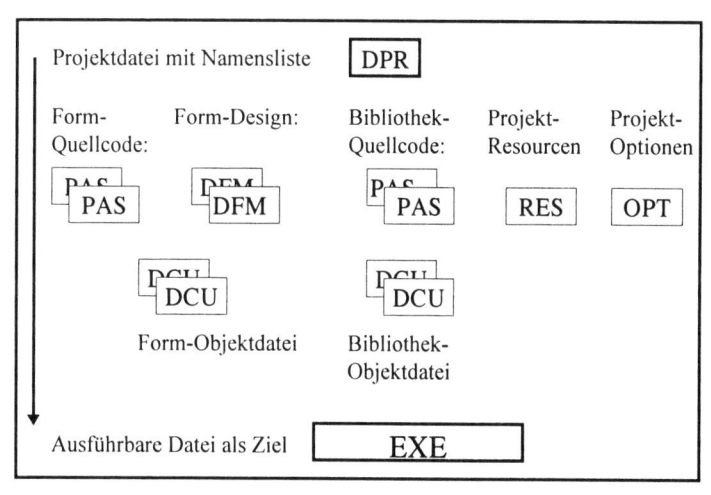

Projektdatei mit Namensliste	DPR			
Form-Quellcode: PAS	Form-Design: DFM	Bibliothek-Quellcode: PAS	Projekt-Resourcen RES	Projekt-Optionen OPT
	DCU	DCU		
	Form-Objektdatei	Bibliothek-Objektdatei		
Ausführbare Datei als Ziel	EXE			

Bild 3-9: Typen von Dateien, die an einem Delphi-Projekt beteiligt sind

Zur Entwurfszeit:
Zu jeder PAS-Datei erzeugt Delphi eine DFM-Datei.

Zur Übersetzungszeit (Beginn der Ausführungszeit):
Delphi compilliert alle PAS- und DFM-Dateien sowie (falls vorhanden) alle RES- und OPT-Dateien über DCU-Dateien zu einer EXE-Datei.

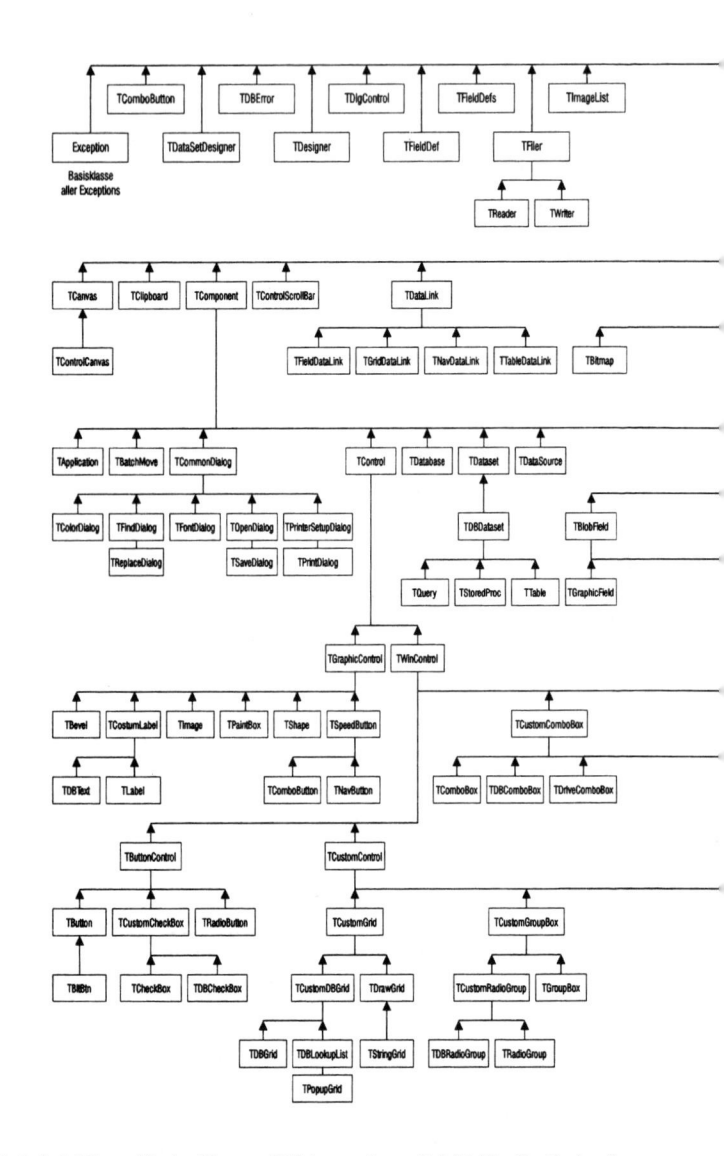

Verzeichnis 3-5: Hierarchie der Klassen (Objekttypen) von Delphi (Quelle: Borland)

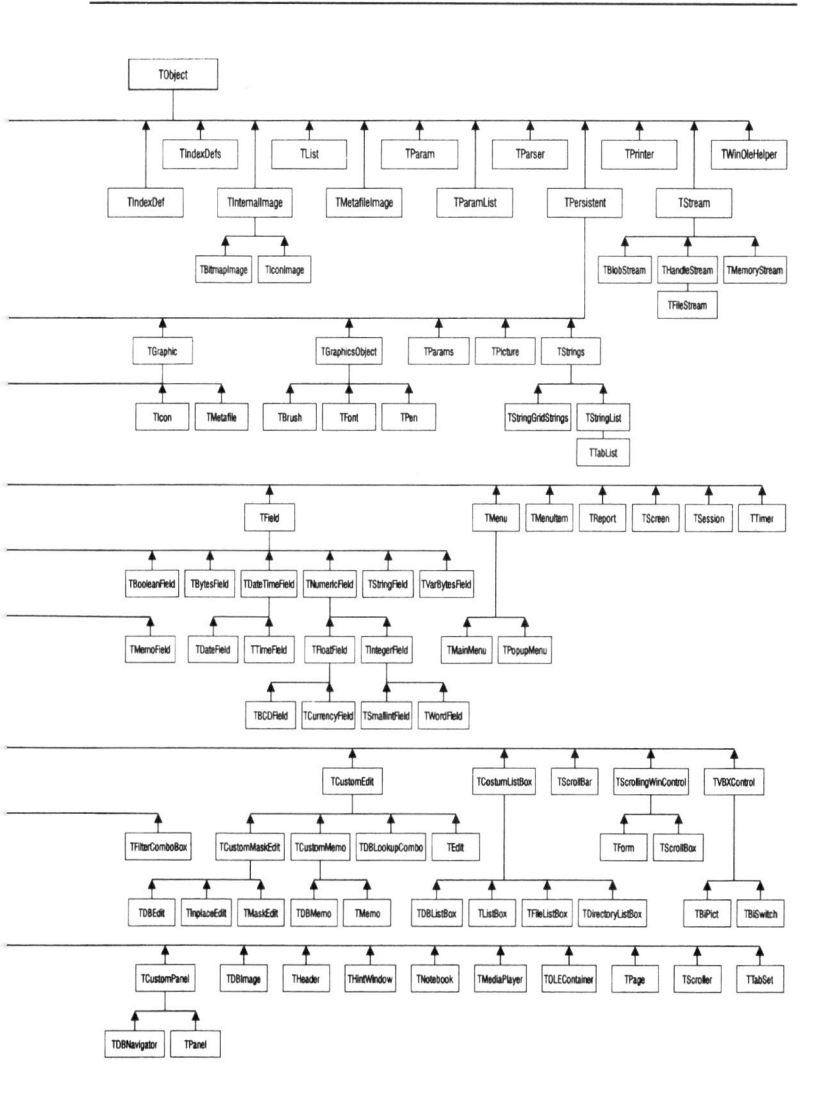

3 Objektorientierte Programmierung

Verzeichnis 3-5: Hierarchie der Klassen (Objekttypen) von Delphi (Quelle: Borland)

ROUTINE.DPR (siehe Bild 3-9):
Projektdatei mit den Namen aller Formulare und Bibliotheken. Alte DPR-Datei als ~DP-Datei sichern. *Textdatei.*

PROZEDUR.PAS, FUNKTION.PAS:
Quellcode mit Ereignisprozeduren und Routinen der Form. Alte PAS-Datei als ~PA-Datei sichern. *Textdatei.*

PROZEDUR.DFM, FUNKTION.DFM:
Information über den Aufbau der Form (Komponenten mit Eigenschaften, geladene Bilder) speichern. Alte DFM-Datei als ~DF-Datei sichern. *Binärdatei.* Zu jeder Form existiert eine PAS- und eine DFM-Datei (D̲elphi F̲orM̲).

HILFE.PAS, HILFE.DCU:
Optional können Units mit Hilfsroutinen dem Projekt verfügbar machen. Diese Routinen-Bibliotheken sind genauso aufgebaut wie die Quelltextdatei einer Form. *Textdatei.*

ROUTINE.RES:
Die zum Projekt gleichnamige Resourcendatei enthält Zusatzinformationen, wie z.B. das Sinnbild einer Applikation.

ROUTINE.OPT:
Die zum Projekt gleichnamige Optionendatei enthält die Einstellungen für den Compiler und Linker bzw. solche, die über "Optionen/Projekt" angegeben wurden. Aufbau entsprechend den Ini-Dateien von Windows. *Textdatei.*

PROZEDUR.DCU, FUNKTION.DCU:
Projektdateien DCU (Delphi Compiled Unit) mit Zwischencode zwischen dem PAS-Quelltext und dem ausführbaren EXE-Objektcode. Wird als *Binärdatei* beim Compilieren erzeugt.

ROUTINE.EXE:
Projektdatei mit dem Pascal-Objektcode in ausführbarer Form. *Binärdatei.*

EXE-Datei eines Projekts erstellen mit "Compiler/Compilieren"

1. Den Quelltext jeder in der DPR-Datei aufgelisteten Unit (falls seit letztem Compilieren verändert) übersetzen und für jede PAS-Datei eine DCU-Datei erzeugen.
2. Alle Units, die im Interface-Abschnitt einer Unit genannt werden (siehe Bild 2-9), neu übersetzen (falls im Interface-Teil geändert wurde).
3. Die DPR-Datei übersetzen und den gesamten Objektcode in einer EXE-Datei (EXEcutable File, ausführbare Datei) bereitstellen.

Den Menübefehl "Compiler/Projekt neu compilieren" wählen, um alle Dateien – ob zwischenzeitlich geändert oder nicht – zu übersetzen.

4 Listenprogrammierung

Über den TStrings-Objekttyp von Delphi Stringlisten manipulieren.

1. *Stringliste vom Typ TStrings, die mit einer Komponente verbunden ist:* Die Stringliste dient zur Organisaton der Zeilen (Lines) eines Memofeldes bzw. einer OutLine-Gliederung, der Schriftarten (Fonts) von Bildschirm oder Drucker, der Namen (Names) der Register eines Arbeitsblattes, der Zeilen bzw. Spalten (Cells) eines StringGrid sowie der Einträge (Items) von ListBox bzw. KomboBox. Lines, Fonts, Names und Items bezeichnet man als Speicher-Streams (siehe Kapitel 4.1 und 4.2).

2. *Stringliste vom Typ TStrings, die der Benutzer als Objekt erzeugt:* Eine eigene nicht-visuelle Liste erzeugen, um Daten unabhängig von Komponenten verwalten zu können (siehe Listenobjekt KStriLi Kapitel 4.3).

Die Anzahl der Einträge angeben über die Count-Eigenschaft:
```
ZeilenAnzahl := Memo1.Lines.Count;     {Indizes 0,1,2,...,Count-1}
```
Auf einen bestimmten String zugreifen (Strings-Eigenschaft): Indizierte Eigenschaft Strings als Standardeigenschaft von TStrings, d. h. man kann den Bezeichner Strings auch weglassen:
```
Zeile := Memo1.Lines.Strings[1];     {den 2. String zuweisen}
Zeile := Memo1.Lines[1];             {identisch}
```
Die Position (Index) eines Strings feststellen: Die IndexOf-Methode liefert den Index (ab 0) oder -1 (falls nicht gefunden).
```
If Memo1.Lines.IndexOf(Zeile) =-1 Then
   ShowMessage('Diese Zeile ist nicht gespeichert.');
```
Das Suchen eines Teilstring muß über eine Schliefe erfolgen (bei mehreren passenden Zeilen die letzte Zeile finden):
```
iSuch := -1;                              {nicht gefunden}
For i := 0 To Memo1.Lines.Count-1 Do
  If SuchString = Left(Memo1.Lines[i],4) Then  {4 Anfangsstellen}
    iSuch := i;                           {Index merken}
```
Einen oder mehrere Einträge in Liste kopieren, einfügen, löschen:
```
Memo1.Lines.Move(0,4);           {ersten String an 5. Pos. kopieren}
Memo1.Lines := ListBox1.Items;   {gesamte ListBox in Meno kopieren}
ListBox1.Items.Insert(3, 'HD');  {'HD' als 4. Element einfügen}
ComboBox1.Items.Delete(0);       {erstes Element aus Combo löschen}
ComboBox1.Items.Clear;           {alle Strings aus Combo löschen}
```
Stringliste in Textdatei speichern bzw. von Datei laden:
```
Memo1.SaveToFile('A:\WERB.TXT');  {Memoinhalt in Textdatei speichern}
Memo1.LoadFromFile('A:\WERB.TXT');{Datei wieder in Memo1 übertragen}
```

Verzeichnis 4-1: Methoden zum Manipulieren der Stringeinträge einer Liste

4.1 Datensätze über eine ListBox verwalten

Problemstellung zu Unit KLISTE.PAS: Für jeden Kunden die vier Felder KNr, KName, KUmsatz und KTyp eingeben und als Eintrag bzw. Datensatz konstanter Länge in einer ListBox speichern.

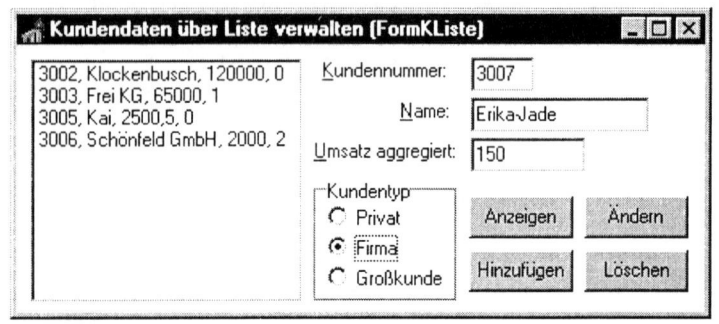

Bild 4-1: Ausführung zu Unit KLISTE.PAS von Projekt LISTEN.DPR

Einen Datensatz zur Liste hinzufügen (ButtonHinzufuegenClick)

Den Inhalt von Editfeldern und RadioGroup1 mittels Add-Methode als nächsten Eintrag zur ListBox1 hinzufügen. ItemIndex 0 (privat), 1 (Firma) bzw. 2 (groß) von RadioGroup1 als Kundentyp speichern. Nach dem Aufziehen der RadioGroup1 durch Doppelklick der Items-Eigenschaft im Editor die drei Einträge bzw. Buttons eingeben.

```
Procedure TFormKListe.ButtonHinzufuegenClick(Sender: TObject);
Begin
  ListBox1.Items.Add(Format('%s, %s, %s, %d', [EditKNr.Text,
          EditKName.Text, EditKUmsatz.Text, RadioGroup1.ItemIndex]))
End;
```

Name:	Geänderte Eigenschaftswerte:	Ereignis:
Form1	Name:=FormKListe	
Button1	Name:=ButtonAnzeigen, Caption:='Anzeigen'	Click
Button2	Name:=ButtonHinzufuegen,Caption:='Hinzu...'	Click
Button3	Name:=ButtonAendern, Caption:='Ändern'	Click
Button4	Name:=ButtonLoeschen, Caption:='Löschen'	Click
ListBox1	Height:=145, Width:=168	
Edit1	Name:=EditKNr, Left:=281, Top:=7	
Edit2	Name:=EditKName	
Edit3	Name:=EditKUmsatz	
RadioGroup1	ItemIndex:= [1,2,3], Caption:='Kundentyp'	

Bild 4-2: Objektetabelle zu KLISTE.PAS mit neun Komponenten (plus drei Labels)

4 Listenprogrammierung

Format-Funktion zur Formatierung der Ausgabe in die Liste

Eine Serie von Argumenten im offenen Array Arg formatieren. Der folgende Format-Aufruf in ButtonHinzufuegenClick würde die vier Felder in Bild 4-1 untereinander ausgeben (also feste Datensatzlänge):

```
...Add(Format('%4s, %20s, %8.2f, %d', [EditKNr.Text, EditKName.Text,
            StrToFloat(EditKUmsatz.Text), RadioGroup1.ItemIndex]))
```

```
Function Format(Format:String;Const Arg:Array Of Const):String;

%d für dezimal (Integer), %f für Festkomma (Real), %s für String,
%4s für Zeichenanzahl 4, %8.2f für 8 Zeichen, davon 2 Dez.-Stellen.
```

Einen Datensatz der Liste löschen (ButtonLoeschenClick)

Den zuerst in der Liste markierten Eintrag (Datensatz) über die Delete-Methode aus der Liste entfernen.

```
Procedure TFormKListe.ButtonLoeschenClick(Sender: TObject);
Var i: Integer;
Begin
  If ListBox1.ItemIndex <> -1 Then        {ist ein Eintrag markiert?}
    Begin
      i := ListBox1.ItemIndex;            {aktive Markierung merken}
      ListBox1.Items.Delete(i);           {den Eintrag entfernen}
      ListBox1.ItemIndex := i;            {nächsten Satz markieren}
    End
  Else ShowMessage('Bitte zuerst einen Listeneintrag wählen!');
End;
```

Einen Datensatz in die Editfelder einlesen (ButtonAnzeigenClick)

Den in ListBox1 markierten Datensatz in die Editfelder und die RadioGroup1 kopieren, um sie dort ändern zu können. Da die Felder verschieden lang sind, über die Funktionen Copy() und Pos() jeweils Teilstrings bis zum Komma aus dem Listeneintrag entnehmen:

(1) Pos(',' ,s) liefert die Position des Kommas im String s, gemäß Bild 4-1 für die KNr zunächst also 5).

(2) Copy(s, 1, 4) entnimmt aus String s ab Position 1 genau 4 Zeichen.

(3) Delete(s, 1, 6) entfernt aus String s ab Position 1 genau 6 Zeichen (also vier Ziffern, das Komma und die nachfolgende Leerstelle.

```
Procedure TFormKListe.ButtonAnzeigenClick(Sender: TObject);
Var s: String;
Begin
  s := ListBox1.Items.Strings[ListBox1.ItemIndex];
  EditKNr.Text := Copy(s, 1, Pos(',',s)-1);     {(1) und (2): entnehmen}
  Delete(s,1,Pos(',' ,s) + 1);                  {(3) String verkürzen}
```

```
EditKName.Text := Copy(s, 1, Pos(',',s) - 1);    {Name anzeigen}
Delete(s, 1, Pos(',',s) + 1);
EditKUmsatz.Text := Copy(s, 1, Pos(',' ,s) - 1); {Umsatz anzeigen}
Delete(s, 1, Pos(',' ,s) + 1);
RadioGroup1.ItemIndex := StrToInt(s);    {einen Radioknopf anzeigen}
End;
```

Geänderten Satz in der Liste neu speichern (ButtonAendernClick)

Den in den Editfeldern abgeänderten Datensatz in die Liste speichern. Dazu hintereinander die Ereignisprozedur ButtonLoeschenClick und ButtonHinzufuegenClick aufrufen.

```
Procedure TFormKListe.ButtonAendernClick(Sender: TObject);
Begin
  ButtonLoeschenClick(Sender);      {markierten Listeneintrag löschen}
  ButtonHinzufuegenClick(Sender);   {geänderten Satz in Liste sichern}
end;
```

4.2 Inhalt einer Liste als Textdatei speichern

4.2.1 Listenverwaltung über ein Menü

Problemstellung zu Unit KLISTE1.PAS: Die KLISTE.PAS von Kapitel 4.1 um die Menübefehle "Datei" und "Bearbeiten" erweitern und die in der ListBox1 abgelegte Liste bzw. Tabelle in der Textdatei KLISTE.TXT speichern.

Ein Menü über die MainMenu-Komponente einrichten

Die MainMenu-Komponente aus dem Standard-Register auf dem Formular aufziehen: Als *unsichtbare Komponente* erscheint MainMenu1 nur zur Entwicklungszeit; zur Ausführungszeit ist ihr Menü zu sehen.

- Den Menü-Editor durch Doppelklick auf die Menü-Komponente oder über die Items-Eigenschaft im Objektinspektor öffnen.
- Im Kontextmenü (rechte Maustaste) "Aus Schablone einfügen" wählen, um die vorgefertigten Menü-Schablonen anzeigen zu lassen. Daraus das "Bearbeiten-Menü" durch Doppelklick ins eigene Menü übernehmen.
- Nun die Menüpunkte gemäß Bild 4-3 entfernen (z.B. "Rückgängig" mit Entf-Taste löschen) bzw. anpassen (z.B. "Ausschneiden" in "Anzeigen" ändern): Markieren und im Objektinspektor die Eigenschaften ändern.
- Zeichen "&" in der Capton-Eigenschaft: 'Än&dern' wird als 'Än<u>d</u>ern' angezeigt und läßt sich nun über die Tasten "Alt/d" aufrufen.
- Hint-Eigenschaft mit einem Hinweis-Text hinterlegen, der beim Markieren des entsprechenden Menüpunktes angezeigt wird.

4 Listenprogrammierung

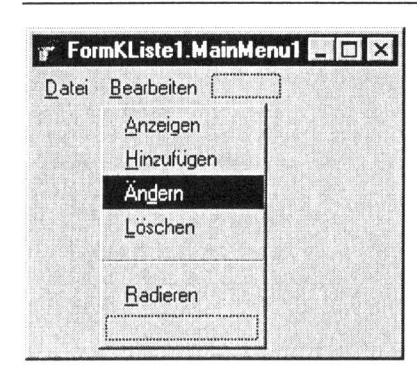

MainMenu1 von FormKListe1 wird im Menü-Editor angezeigt

Menüpunkt Ändern als Beispiel:
Caption:='Än&dern'

Name:=MenuAendern

Hint:='Von Liste in Editfelder'

OnClick: ButtonAendernClick

Bild 4-3: Menü der MainMenu1-Komponente im Menü-Editor (Designer) editieren

Für einen Menüpunkt eine Ereignisprozedur schreiben

Auf "Radieren" doppelklicken und MenuRadierenClick codieren:
```
Procedure TFormKListe1.MenuRadierenClick(Sender: TObject);
Begin
  EditKNr.Text:=''; EditKName.Text:='';    {Editfeld löschen}
  EditKUmsatz.Text:='';
  RadioGroup1.ItemIndex := 0;              {ersten Knopf aktivieren}
End;
```

Für einen Menüpunkt eine andere Ereignisprozedur zuordnen

Bei Anklicken auf MenuAnzeigenClick soll der gleiche Code wie von ButtonAnzeigenClick ausgeführt werden. MenuAnzeigen markieren und im Ereignis-Register für OnClick ButtonAnzeigenClick eintragen. Nun wird ButtonAnzeigenClick als *gemeinsame Ereignisprozedur* (siehe Kapitel 3.2.3) genutzt.

Entsprechend zuordnen: MenuHinzufuegenClick zu ButtonHinzufuegenClick, MenuAendernClick zu ButtonAendernClick und MenuLoeschenClick zu ButtonLoeschenClick.

4.2.2 Textdatei auf Diskette speichern bzw. laden

Alle Sätze von ListBox1 in Textdatei A:\KLISTE1.TXT speichern

Die Methode SaveToFile speichert die gesamte Liste (alle Datensätze (Einträge) der in der Liste abgelegten Tabelle) in einer Textdatei.
```
Procedure DateinameEingeben;
Begin
  Datei := InputBox('Dateiname festlegen','Dateiname?',Datei);
End;
```

```
Procedure TFormKListe1.MenuSpeichernClick(Sender: TObject);
Begin
  Try                            {(2) das Speichern versuchen }
    ListBox1.Items.SaveToFile(Datei); {(3) Liste in Datei sichern}
    ShowMessage('Liste gespeichert in: ' + Datei);
    ListBox1.Tag := 0;           {(4) ordnungsgemäß gespeichert}
  Except                         {(5) Speichern unmöglich?}
    ShowMessage('... es wurde nicht in ' + Datei + ' gespeichert!');
  End;
End;

Procedure TFormKListe1.ButtonBeendenClick(Sender: TObject);
Begin
  If ListBox1.Tag = 1 Then       {Liste geändert, ungesichert?}
    MenuSpeichernClick(Sender);  {sichern}
  CLose;
End;
```

(1) **Datei als initialisierte Variable** (siehe Kapitel 2.3.4.1) zur Aufnahme des Dateinamens formglobal vereinbaren:

```
Implementation
  Const Datei: String[20] = 'A:\KLISTE1.TXT';
```

(2) **Try-Except-Anweisung zur Ausnahmefallbehandlung:** Anweisungen im Try-Block bis zum Fehler ausführen, um dann den Except-Block auszuführen. Bei fehlerfreiem Try-Block den Except-Block ignorieren.

(3) **SaveToFile-Methode zum Speichern:** Alle Items der ListBox1 in die Textdatei übertragen, deren Name samt Pfad in der Datei-Variablen steht.

(4) **Tag-Eigenschaft zum Merken:** Jede Komponente verfügt über eine Tag-Eigenschaft, um darin LongInt-Daten zu speichern, für die keine gesonderte Eigenschaft vorgesehen ist. Tag:=0 für "Liste gespeichert".

(5) Except-Block zur Ausnahmefallbehandlung: Hinweis anzeigen, falls ein Speichern der Textdatei unmöglich war (Try-Block abgebrochen).

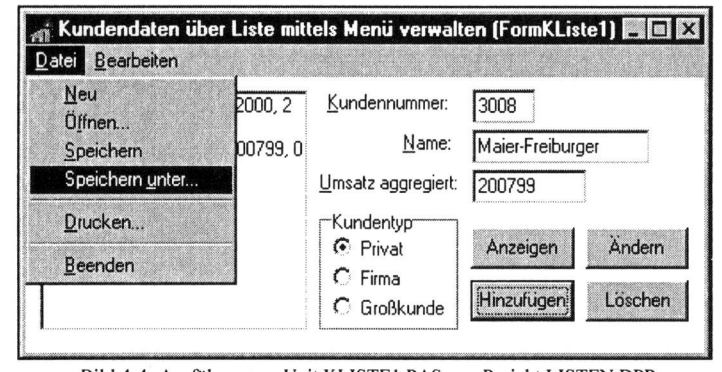

Bild 4-4: Ausführung zu Unit KLISTE1.PAS von Projekt LISTEN.DPR

4 Listenprogrammierung

```
Procedure TFormKListe1.DateiSpeichernUnterClick(Sender: TObject);
Begin
  DateinameEingeben;              {neuen Dateinamen eingeben}
  MenuSpeichernClick(Sender);     {unter diesem Dateinamen speichern}
End;

Procedure TFormKListe1.DateiNeuClick(Sender: TObject);
Var A: Word;                      {Antwortvariable}
Begin
  If ListBox1.Tag = 1 Then        {Änderung ungesichert}
    A := MessageDlg('Liste zuerst speichern?',mtWarning,
                  [mbYes,mbNo,mbCancel],0);   {Dialogfenster zeigen}
    If A=mrYes Then MenuSpeichernClick(Sender) {Liste speichern}
             Else If A=mrCancel Then Exit;    {Prozedur verlassen}
  DateinameEingeben;              {neuer Dateiname}
  ListBox1.Clear;                 {Liste löschen}
End;
```

Methode SaveToFile: Inhalt des Speicher-Streams als Binärkopie in eine Datei speichern und deren bisherigen Inhalt überschreiben. Verwendet für TCustomMemoryStream aus Unit Classes als Basisklasse für nützliche Speicher-Streams wie Cells, Fonts, Items, Lines, Names.

Procedure SaveToFile(Const FileName: String);

ListBox1.Items.SaveToFile('C:\EINTRÄGE.TXT'); {aus ListBox1 kopieren}
Memo1.Lines.SaveToFile('\BSP\BRIEF.TXT');   {aus Memo1 speichern}

Methode LoadFromFile: Den vollständigen Inhalt der Datei in den Speicher-Stream der Stringliste einlesen:

Procedure LoadFromFile(Const FileName: String);

ComboBox1.Items.LoadFromFile('A:\NAMEN.TXT'); {in ComboBox1 laden}
Image1.Picture.LoadFromFile('Uhr.BMP');   {Bitmaps BMP,ICO,WMF}

Bild 4-5: Methoden zum Sichern von Stringlisten vom Typ TStrings

A:\KLISTE1.TXT in die ListBox1 laden mittels LoadFromFile

```
Procedure TFormKListe1.MenuOeffnenClick(Sender: TObject);
Begin
  Try                             {siehe Kapitel 4.2.3}
    If ListBox1.Tag = 1 Then      {geändert, nicht gesichert?}
      MenuSpeichernClick(Sender); {sichern}
    DateinameEingeben;            {neuen Dateinamen angeben}
    ListBox1.Items.LoadFromFile(Datei); {Dateiinhalt in Liste lesen}
  Except                          {ausführen, falls Try-Fehler}
    ShowMessage(Datei + ' nicht gefunden');
    ListBox1.Clear;               {Inhalt der Liste löschen}
  End;
End;
```

4.2.3 Ausnahmefallbehandlung mit Try-Except

Ausnahmefälle (engl. Exceptions) führen entweder zu einem Fehlerabbruch, oder sie werden vom Programmierer über eine Try-Except-Anweisung in einer eigenen Routine abgefangen. Allgemeine Syntax:

```
Try
  {Pascal-Code mit den zu schützenden Anweisungen}
Except
  {Code mit den im Ausnahmefall auszuführenden Anweisungen}
End
```

```
Try
  Mittel := Summe DIV Anzahl;        {im Fehlerfall Sprung zu Except}
Except
  ShowMessage('Fehler: Durch Anzahl=0 kann man nicht dividieren!');
End
```

Der Except-Block wird nur ausgeführt, wenn im Try-Block ein Fehler aufgetreten ist. Der obige Code ist ökonomischer als die konventionelle Behandlung, bei der vor jeder Division auf Null zu testen ist:

```
If Anzahl <> 0 Then
  Mittel := Summe DIV Anzahl;        {nur fehlerfrei ausgeführt}
Else
  ShowMessage('Fehler: Durch Anzahl=0 kann man nicht dividieren!');
End If
```

Fehlercode über Exceptions explizit behandeln

Delphi erzeugt für jeden Fehler eine benannte Exception E... vom Typ Exception wie EPrinter (Druckerfehler). So ist die Exception EMathError unterteilt in EDivideByZero, EUnderFlow und EOverFlow:

```
Try
  Mittel := Summe / Anzahl;
Except
  On EDivByZero Do ShowMessage('Division durch 0');
  On EOverFlow Do ShowMessage('Resultat zu klein');
End;
```

Try-Except-Anweisung versus Try-Finally-Anweisung

Den Finally-Block bei fehlerhaftem wie fehlerfreiem Fall ausführen:

```
Try                                  {Beginn des Blocks}
  {Tabelle einer Datenbank bzw. Datei öffnen}
  {Anweisungen zum Bearbeiten von Tabelle bzw. Datei}
Finally                              {wird in jedem Fall ausgeführt}
  {Datenbank mit der Tabelle bzw. Datei schließen}
End;                                 {Ende des Blocks}
```

4 Listenprogrammierung 69

4.2.4 Die Ausgabe an der Drucken senden

Zwei Möglichkeiten: Ein Formular direkt drucken oder die Druckersteuerung über das Printer-Objekt selbst übernehmen.

Den Inhalt des Formulars über die Print-Methode direkt drucken

Mit dem Aufruf der Print-Methode
```
FormKListe1.Print;
```
den Inhalt des Formulars komplett (mit allen Komponenten) drucken.

Das Printer-Objekt zum Drucken verwenden

Die Unit Printers zur Uses-Anweisung hinzufügen, um das in der Unit deklarierte Printer-Objekt nutzen zu können.

– Canvas als Eigenschaft des Druckerobjekts Printer, das die Oberfläche der zu druckenden Textdaten bzw. Grafikseite repräsentiert. Da das Drucker-Canvas zum Canvas von Fenstern bzw. Image-Objekten kompatibel ist, lassen sich alle Methoden und Eigenschaften der jeweiligen Objekte für das Drucker-Objekt verwenden.

– Fonts als Liste der verfügbaren Schriftarten des Druckers.

Eine Grafik ausdrucken

Zum Drucken die Grafik auf die Zeichenfläche (Canvas) des Druckers kopieren (Voraussetzung: Die Unit Printers ist eingebunden):
```
BeginDoc;                                         {Druckvorgang starten}
  Printer.Canvas.Draw(0,0,Image.Picture.Graphic);{Grafik oben links }
EndDoc;                                           {Ende des Ausdruckens}
```

Textzeilen bzw. den Inhalt einer Textdatei drucken

Zum Ausdrucken der Zeilen einer Textdatei bzw. eines Objekt vom Typ ListBox, ComboBox bzw. Memo die Routinen der Unit Printers nutzen. Alle Einträge bzw. Datensätze von Liste ListBox1 drucken:
```
Procedure TFormKListe1.DateiDruckenClick(Sender: TObject);
Var i: Integer;
    T: System.Text;         {(1) T als Textdatei aus Unit System}
Begin
  AssignPrn(T);             {(2) Variable T dem Drucker zuweisen}
  Rewrite(T);               {(3) Ausgabedatei erzeugen und öffnen}
  Printer.Canvas.Font := ListBox1.Font;  {(4) Druckschriftart neu}
  For i := 0 To ListBox1.Items.Count-1 Do  {(5) alle Einträge}
    WriteLn(T, ListBox1.Items[i]);       {(6) Eintrag i drucken}
  System.Close(T);          {Drucker schließen}
End;
```

(1) Lokale Variable T vom Typ Text, der in der Unit System definiert ist.

(2) AssignPrn-Prozedur weist dem Drucker die Textdateivariable T zu. Ab jetzt werden alle WriteLn-Anweisungen, die an die Variable T gesendet werden, auf die Zeichenfläche (Canvas-Eigenschaft) des Druckers geschrieben Da AssignPrn in der Printers-Unit deklariert ist, muß diese in der Uses-Anweisung angegeben werden.

(3) Die Rewrite-Prozedur erzeugt und öffnet die Ausgabedatei T leer (ein ggf. bislang vorhandener Inhalt wird also zerstört).

(4) Die Font-Eigenschaft von ListBox1 der Font-Eigenschaft der Zeichenfläche (Canvas) des Druckobjekts zuweisen, also die Schriftart der Liste für den Drucker übernehmen.

(5) Letzter Eintrag gleich Anzahl der Einträge minus 1, da Items ab 0 zählt.

(6) Den Inhalt der ListBox1 Eintrag für Eintrag auf den Drucker schreiben. Die beiden Anweisungen sind identisch, da Strings die Standardeigenschaft von Items ist:

```
ListBox1.Items.Strings[i]    {indizierte Eigenschaft Strings}
ListBox1.Items[i];           {Strings weglassen}
```

Alle Einträge bzw. Zeilen des Textfeldes Memo1 drucken

Zum Drucken von Memo1 die Stringliste Items durch Lines ersetzen.

```
For i := 0 To Memo1.Lines.Count-1 Do    {alle Zeilen durchlaufen}
  WriteLn(T, Memo1.Lines[i]);           {die Zeile i drucken}
```

4.3 Datensätze im Stringliste-Objekt speichern

4.3.1 Permanente Stringliste unter Public deklarieren

Problemstellung zu Unit KLISTE2.PAS: Die Datensätze in Bild 4-1 nicht mehr über eine an die ListBox1 gebundene Stringliste verwalten (Kapitel 4.1 und 4.2), sondern über eine eigene nicht-visuelle Stringliste namens KStriLi. Über ButtonErzeugen, ButtonLesen und ButtonSchreiben die Strinliste manipulieren:

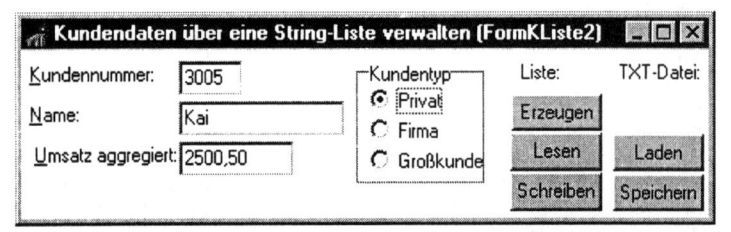

Bild 4-6: Ausführung zu Unit KLISTE2.PAS von Projekt LISTEN.DPR

4 Listenprogrammierung

KStriLi als Objektvariable vom TStrings-Typ deklarieren

Für KStriLi den Datentyp TStrings unter Public vereinbaren, um auf KStriLi im gesamten Projekt zugreifen zu können:

```
Public { Public-Deklarationen }          {Abschnitt der Unit}
  KStriLi: TStrings;
```

Objekt vom TStrings-Typ instantiieren (Create-Konstruktor)

Die Create-Methode erzeugt KStriLi als Objekt (Instanz) vom Objekttyp TStrings (Klasse). Erst nach Aufruf des Konstruktors Create (Kapitel 3.3) existiert ein Objekt KStriLi im RAM. Das Objekt soll auf Tastendruck (1) sowie beim Ausführungsstart (2) entstehen.

```
Procedure TFormKListe2.ButtonErzeugenClick(Sender: TObject);
Begin
  KStriLi := TStringList.Create;            {(1) }
  ShowMessage('KStriLi als Listenobjekt leer erzeugt.');
End;
Procedure TFormKListe2.FormCreate(Sender: TObject);
Begin
  ButtonErzeugenClick(Sender);              {(2) }
End;
```

Einträge in die Stringliste hinzufügen (Add-Methode)

Den Inhalt der Editfelder als Datensatz bzw. Eintrag in die Stringliste hinzufügen. Da KStriLi ein nicht-visuelles Listenobjekt ist, wird die Speicherung in Bild 4-6 nicht angezeigt – anders als in Bild 4-1.

```
Procedure TFormKListe2.ButtonSchreibenClick(Sender: TObject);
Begin
  KStriLi.Add(Format('%4s, %20s, %10.2f, %d', [EditKNr.Text, Edit
  KName.Text, StrToFloat(EditKUmsatz.Text), RadioGroup1.ItemIndex]))
End;
```

Einen Eintrag aus der Liste suchen (Indizierung)

Anders als bei KLISTE.PAS (Kapitel 4.1) werden über die Format-Funktion *Datensätze konstanter Länge* in KStriLi gespeichert: Satzlänge 4+20+10+2+6 (für Komma und Leerzeichen) = 42 Zeichen. Deshalb kann ButtonLesenClick auf Delete-Methoden verzichten:

```
Procedure TFormKListe2.ButtonLesenClick(Sender: TObject);
Var i,iMax,iSuch: Integer; s: String;
Begin
  Try                                       {ausführen, bis Fehler}
    iMax := KStriLi.Count - 1;              {größter Index iMax}
    iSuch := StrToInt(InputBox('','Nummer 0 - '+ IntToStr(iMax),''));
    s := KStriLi[iSuch];                    {Datensatz in s lesen}
```

```
  EditKNr.Text   := Copy(s,1,4);     {KdNr ist 4 Zeichen lang}
  EditKName.Text := Copy(s,7,20);    {ButtonSchreiben :', ' trennen}
  EditKUmsatz.Text := Copy(s,28,10);
  RadioGroup1.ItemIndex := StrToInt(Copy(s,40,2));
  Except
    ShowMessage('Index unkorrekt');
  End;
End;
```

Stringliste als Textdatei auf Diskette sichern

Das Laden und Speichern der eigenen, nicht-visuellen Stringliste KStriLi erfolgt wie bei der komponenten-gebundenen Stringliste in Kapitel 4.2.2 über die Methoden LoadFromFile und SaveToFile:

```
Procedure TFormKListe2.ButtonLadenClick(Sender: TObject);
Begin
  KStriLi.LoadFromFile('A:\KSTRILI.TXT');
  ShowMessage('A:\KSTRILI.TXT in Stringlistenobjekt geladen.');
End;
Procedure TFormKListe2.ButtonSpeichernClick(Sender: TObject);
Begin
  KStriLi.SaveToFile('A:\KSTRILI.TXT');
End;
```

Stringliste KStriLi aus dem RAM entfernen (Free-Destruktor)

Die Free-Methode dient als Destruktor, um KStriLi beim Entladen der Form (Destroy-Ereignis) zu löschen und dessen Speicher freizugeben:

```
Procedure TFormKListe2.FormDestroy(Sender: TObject);
Begin
  ButtonSpeichernClick(Sender);          {... noch nicht gespeichert?}
  KStriLi.Free;                          {KStriLi im RAM löschen}
  ShowMessage('Objekt KStriLi aus RAM entfernt.');
End;
```

4.3.2 Temporäre Stringliste existiert nur lokal

Eine lokale Stringliste sinnvoll in einen Try-Finally-Block setzen:

```
Procedure TFormListe2.ButtonLokal (Sender:TObject);
Var KStriLi: TStrings;                  {1. Deklaration Listenvariable}
Begin
  KStriLi := TStringList.Create;        {2. Instantiierung eines Objekt}
  Try
    {3. das Listenobjekt KStriLi manipulieren bzw. verarbeiten}
  Finally
    KStriLi.Free;                       {4. das Objekt entfernen}
  End;
End;
```

FUNCTION Copy(s:String; Pos,Laenge:Integer): String;
```
s := Copy(s0,p,n);
```
Aus String s0 ab Position p genau n Zeichen entnehmen und den Teilstring als Funktionsergebnis zurückgeben.
```
WriteLn(Copy('Delphi Pascal',8,3));   {Teilstring 'Pas' entnehmen}
```

PROCEDURE Delete(VAR s:String; p,n:Integer);
```
Delete(s,p,n);
```
Aus dem String s ab Position p genau n Zeichen löschen. Ist p größer als die Länge des Strings, so wird nichts gelöscht.
```
Delete(s1,4,2);        {String s1:='Delphi' zu 'Deli' verkürzen}
```

PROCEDURE Insert(s0:String; VAR s1:String; p:Integer;
```
Insert(s0,s1,p);
```
Stringausdruck s0 in Stringvariable s1 ab der Position p einfügen. Ist p größer als die Länge von s1, wird nichts eingefügt.
```
Insert('sc',W,3);    {W:='Paal' durch 'sc' zu 'Pascal' ergänzen}
```

FUNCTION Length(s: String): Integer;
```
i := Length(s);
```
Die aktuelle Länge der Stringvariablen s angeben.
```
IF Length(Ein) = 8 THEN ShowMessage('String Ein 8 Zeichen lang.');
```

FUNCTION Pos(s0,s1: String): Byte;
```
i := Pos(s0,s1);
```
Anfangsposition von Suchstring s0 in String s1 angeben. Ein Zeichen suchen (Angabe von Position 2 als erstem Auftreten von 'e'):
```
MessageBox(Pos('e','Wegweiser'))  {2 als erstes Auftreten von 'e'}
```

PROCEDURE Str(x: Integer/Real; VAR Zeichenkette: String);
```
Str(x,s);
```
Den numerischen Wert von Ausdruck x in einen String umwandeln.
```
Str(7000, s1);             {String '7000' in s1 speichern}
```

PROCEDURE Val(s:String; VAR r: Real; VAR Err:Integer);
```
Val(s,x,i);
```
Stringausdruck s in einen numerischen Wert x umwandeln und die Fehlerposition in s oder 0 (fehlerfrei) in Variable i bereitstellen.
```
Val('77.412',r1,Fehler);   {String in Real-Variable r1 speichern}
Repeat                     {Benutzersichere Eingabe}
  ReadLn(s9); Val(s9,r9,Fehler);
Until Fehler = 0;
```

Verzeichnis 4-2: Funktionen und Prozeduren zur Stringverarbeitung

5 Datenbankprogrammierung

Eine Datenbank (DB) umfaßt mehrere Tabellen zu einem bestimmten Thema. Beispiel: Firmen-Datenbank mit den Tabellen Kunden, Rechnungen, OffenePosten, Mahnungen, Adressen, Artikel, Lieferer, ...

- In Delphi kann man mittels TTable-Komponente eine neue Datenbank anlegen und beschreiben.
- Die größere Bedeutung jedoch kommt der Nutzung von Delphi als *Front End* zu: Eine Datenbank, die unter einem Datenbanksystem wie dBase, Paradox und Access oder einem Texteditor erstellt wurde, über geeignete Prozeduren verwalten, auswerten bzw. bearbeiten.

Die Beispiele beziehen sich auf eine dBASE-Tabelle KUNDEN.DBF, deren Datensatzstruktur wie folgt beschrieben werden kann:

```
Type TKundenSatz = Record
      KNr: String[4];           {Vier Datenfelder, kurz: Felder}
      KName: String[30];
      KUmsatz: Real;            {Satzaufbau bei Listenprogrammierung}
      KTyp: (0..2);             {identisch verwendet; siehe Bild 4-1}
      End;
```

5.1 Zugriff über DB-gebundene Komponenten

5.1.1 Tabellarische Darstellung aller Datensätze

Problemstellung zu Unit KTABELL1.PAS: Alle Datensätze der Kunden-Tabelle über die Komponenten DBGrid1 und DBNavigator1 verwalten, also die vier Datenmanipulationen *Anzeigen, Ändern, Hinzufügen* bzw. *Löschen* durchführen:

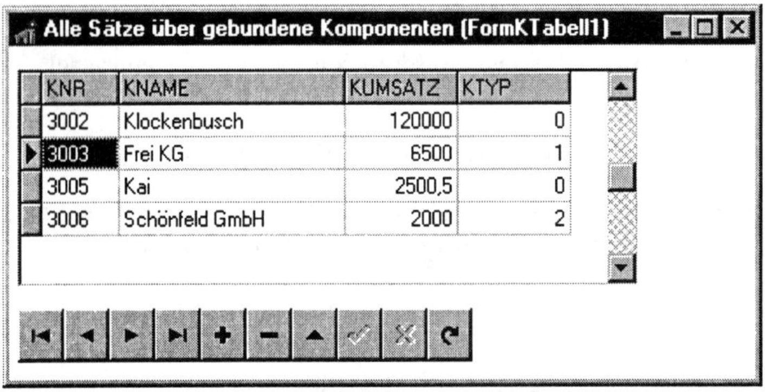

Bild 5-1: Ausführung zu KTABELL1.PAS von Projekt KDATEN.DPR

5 Datenbankprogrammierung 75

Eine komplette Datenverwaltung installieren in drei Schritten

```
Procedure TFormKTabell1.FormCreate(Sender: TObject);
Begin
  Table1.DatabaseName := 'C:\Griffpas';      {(1) Physikalische Ebene}
  Table1.TableName := 'Kunden';
  Table1.TableType := ttDBase;
  Table1.Active := True;
  DataSource1.DataSet := Table1;             {(2) Virtuelle Ebene}
  DBGrid1.DataSource := DataSource1;         {(3) Sichtbare Ebene}
  DBNavigator1.DataSource := DataSource1;
End;
```

(1) Verbindung zur Datenbank bzw. physikalischen Ebene herstellen über TTable-Komponente: Über die DataBaseName-Eigenschaft den Pfad zur Datenbank und über TableName den Tabellennamen angeben. Sobald die Active-Eigenschaft auf True gesetzt ist, ist die physikalische Verbindung zwischen Form und Datenbank bzw. Diskette hergestellt.

(2) Verbindung zwischen der physikalischen Ebene und der sichtbaren Ebene herstellen über TDataSource-Komponente: Die DataSet-Eigenschaft mit Table belegen. Die DataSource-Komponente der virtuellen Ebene schiebt sich zwischen Datenbank (DB) und Anwender.

(3) Komponenten der sichtbaren Ebene anbinden über DataSource-Eigenschaft: Die Tabelle DBGrid1 (Datensätze tabellenförmig anzeigen, Bild 5-1 oben) und das Datensteuerelement DBNavigator1 (in Bild 5-1 über eine Leiste von Buttons Sätze aktivieren, einfügen, löschen, ...) mit der Datenbank verbinden.

5.1.2 Darstellung einzelner Datensätze

Problemstellung zu Unit KTABELL2.PAS: Die vier Felder eines Satzes der Kunden-Tabelle über die DB-gebundenen Komponenten DBEdit1, DBEdit2, DBEdit3 und DBRadioGroup1 darstellen. Dabei kontrolliert der DBNavigator1 die Datenverwaltung Satz für Satz:

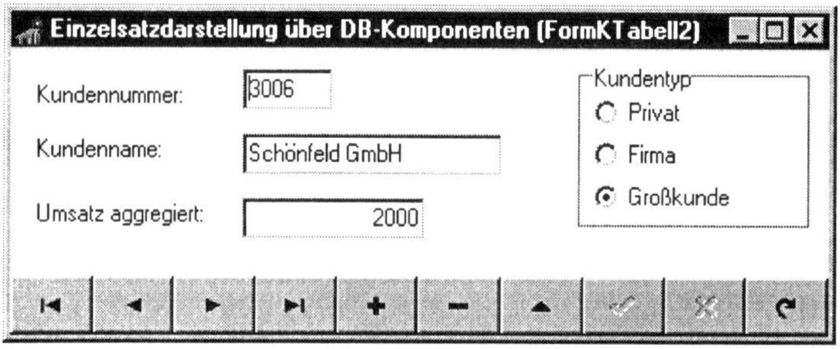

Bild 5-2: Ausführung zu Unit KTABELL2.PAS von Projekt KDATEN.DPR

Die Einzelsatzdarstellung installieren in drei Schritten

```
Procedure TFormKTabel12.FormCreate(Sender: TObject);
Begin
  Table1.DatabaseName := 'C:\Griffpas';
  Table1.TableName := 'Kunden';
  Table1.TableType := ttDBase;               {(1) Physikalische Ebene}
  Table1.Active := True;
  DataSource1.DataSet := Table1;             {(2) Virtuelle Ebene}
  DBNavigator1.DataSource := DataSource1;
  DBEditKNr.DataSource := DataSource1;       {(3) Sichtbare Ebene}
  DBEditKNr.DataField := 'KNr';
  DBEditKName.DataSource := DataSource1;
  DBEditKName.DataField := 'KName';
  DBEditKUmsatz.DataSource := DataSource1;
  DBEditKUmsatz.DataField := 'KUmsatz';
  DBRadioGroup1.DataSource := DataSource1;
  DBRadioGroup1.DataField := 'KTyp';
  DBNavigator1.Align := alBottom;            {Unten am Fensterrand}
End;
```

(1) dBASE speichert jede Tabelle in einer eigenen Datei KUNDEN.DBF. Paradox bzw. Access sehen nur eine Datei für die Datenbank vor.

(2) DataSource-Komponente als Mittler zwischen den beiden Ebenen.

(3) Für jede DB-gebundene Komponente die Eigenschaften DataSource und DataField setzen (zur Entwurfszeit oder Laufzeit). Zur RadioGroup1: Über Items-Eigenschaft drei Einträge angeben. Über Values-Eigenschaft die Werte 0, 1 und 2 angeben, die in KUNDEN.DBF gespeichert sind.

Sichtbare Ebene :
DBNavigator1 (Steuerung des Satzzeigers)
DBGrid1 (tabellarische Darstellung aller Sätze im Gitter)
DBEdit1, DBText1, DBComboBox1, DBCheckBox1, DBImage1,
DBListBox1, DBMemo1 und RadioGroup1 (Einzelsatzdarstellung)

Eigenschaften DataSource und DataField

Virtuelle Ebene:
DataSource1 (Schnittstellen-Komponente)

Eigenschaft DataSet

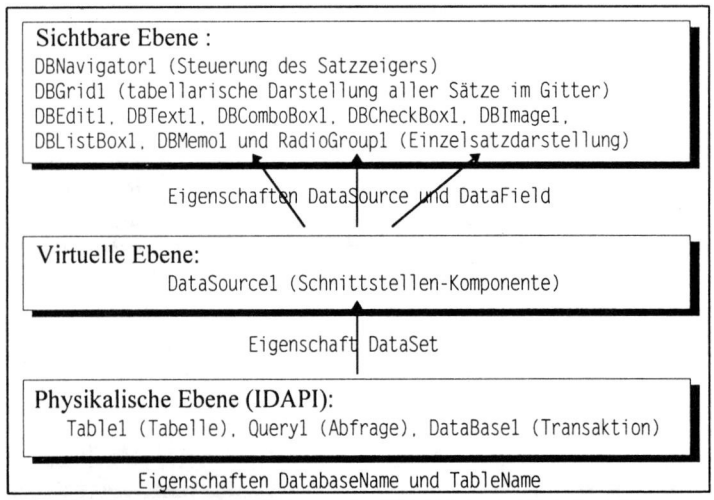

Physikalische Ebene (IDAPI):
Table1 (Tabelle), Query1 (Abfrage), DataBase1 (Transaktion)

Eigenschaften DatabaseName und TableName

Bild 5-3: Grundlegende DB-Komponenten (Objekte) der drei Datenbank-Ebenen

DBNavigator
Schaltflächen für die Datenmanipulationen *Anzeigen* (Satzzeiger), *Hinzufügen, Ändern* und *Löschen* bereitstellen und kontrollieren.
1. DataSource1.DataSet := Table1.Table1;
2. DBGrid1.DataSource := DataSource1;   {Tabelle gesamt anzeigen} oder: DBKNr.DataSource := DataSource1; DBKNr.DataField := KNr;
3. DBNavigator.DataSource := DataSource1;

DBCheckBox1
Ein Kontrollkästchen für logische Felder (Boolean-Typ) bereitstellen.

DBComboBox1
Datensensitives Kombinationsfeld. Einen Feldwert (Item) durch Eingabe im Editierfeld oder durch Auswahl eines Eintrags ändern.

DBEdit1
Die Daten einer Spalte (eines Feldes) des aktiven Satzes anzeigen (wie DBText1) und zum Editieren bereitstellen.

DBGrid1
Tabelle als Gitter mit Zeilen (Sätzen) und Spalten (Feldern) darstellen.

DBImage1
In ein Feld Bilddaten oder BLOB-Daten laden.

DBListBox1
Datensensitives Listenfeld. Einen Feldwert (Item) durch Auswahl eines Eintrags aktualisieren. Erweiterung siehe DBComboBox.

DBLookupCombo1
DBEdit in einer Dropdown-Variante von DBLookupList1 anzeigen.

DBLookupList1
Wie DBListBox: Einen Feldwert (Item) durch Auswahl eines Eintrags füllen – mit Daten aus der Spalte einer anderen Datensammlung.

DBMemo1
Memodaten mehrzeilig als Textzeilen oder BLOB-Daten (Binary Large Objects) darstellen.

DBRadioGroup1
Mehrere sich gegenseitig ausschließende Optionsfelder zur Auswahl anbieten, um die Auswahl in ein Feld zu übernehmen.

DBText1
Die Daten einer Spalte (eines Feldes) des aktiven Satzes anzeigen.

Verzeichnis 5-1: DB-gebundene Komponenten als visuelle Objekte

5.2 Zugriff über direkte Programmierung

Drei Möglichkeiten zum Arbeiten mit Datenbanken unter Delphi:
- Datenbankzugriff über DB-gebundene bzw. datensensitive Komponenten durch die Objekte DataSource und DBNavigator (Kapitel 5.1).
- Datenbankzugriff durch direkte Programmierung (Kapitel 5.2).
- Datenbankzugriff über "Bounded Components" sowie direkte Programmieung der DB-Objekte (Kapitel 5.3).

Problemstellung zu Unit KTABELL3.PAS: Die vier grundlegenden Datenmanipulationen *Anzeigen, Ändern, Hinzufügen* und *Löschen* ohne DBNavigator über direkte Programmierung realisieren:

Bild 5-4: Ausführung zu Unit KTABELL3.PAS von Projekt KDATEN.DPR

Eine Tabelle der Datenbank öffnen und schließen

```
Procedure TFormKTabell3.FormCreate(Sender: TObject);
Begin
  Table1.DatabaseName := 'C:\Griffpas';   {Pfad}
  Table1.TableName := 'Kunden';           {Name der Tabelle}
  Table1.TableType := ttDBase;            {oder ttParadox, ttASCII}
End;
Procedure TFormKTabell3.ButtonOeffnenClick(Sender: TObject);
Begin
  Table1.Active := True;                  {(1) oder Table1.Open}
  PufferInForm;
End;
Procedure TFormKTabell3.ButtonSchliessenClick(Sender: TObject);
Begin
  Table1.Close;                           {oder Table1.Active := False}
End;
```

(1) Open-Methode öffnet die Tabelle zur Entwurfszeit oder zur Laufzeit.
(2) Close-Methode versetzt die Tabelle vom Zustand dsBrowse (Nur-Lesen) in den Zustand dsInactive (Zustände siehe Bild 5-5).

5 Datenbankprogrammierung **79**

Datenmanipulation "Anzeigen eines Satzes" mit Next, Prior, ...

```
Procedure TFormKTabell3.ButtonVorClick(Sender: TObject);
Begin
  Table1.Next;                      {(1) Next-Methode}
  If Table1.EOF                     {(2) EOF-Eigenschaft}
    Then Begin
         ShowMessage('Letzter Satz erreicht.');
         Table1.Prior;              {Satzzeiger um 1 zurücksetzen}
         End
    Else PufferInForm;              {(3) Satz aus RAM-Puffer nehmen}
End;
Procedure TFormKTabell3.PufferInForm;           {Hilfsprozedur}
Begin
  EditKNr.Text    := Table1.FieldByName('KNr').AsString; {(4) }
  EditKName.Text  := Table1.Fields[1].AsString;
  EditKUmsatz.Text := FloatToStr(Table1.Fields[2].AsFloat);
  RadioGroup1.ItemIndex := Table1.FieldByName('KTyp').AsInteger;
End;
Procedure TFormKTabell3.ButtonZurueckClick(Sender: TObject);
Begin
  Table1.Prior;                     {einen Satz in Richtung BOF}
  If Table1.BOF                     {Satzzeiger vor dem 1. Satz?}
    Then Table1.Next                {wieder zurück}
    Else PufferInForm;              {oder Satz auf Form anzeigen}
End;
```

(1) Satzzeiger und RAM-Puffer: Delphi verwaltet einen Datensatzzeiger bzw. Cursor, der auf die aktive Zeile bzw. den aktiven Satz zeigt. Durch die Methoden Next, Prior, First bzw. Last wird der Satzzeiger zur nächsten, vorangehenden, ersten bzw. letzten Zeile der Tabelle bewegt und der zugehörige Satz in den lokalen Puffer (Datensatzpuffer) geladen, aber noch nicht angezeigt.

(2) Eigenschaften EOF und BOF: EOF (für End Of File) wird True, wenn der Satzzeiger hinter den letzten Satz bewegt wird.

(3) Aktiver Satz im RAM-Puffer: Bei Verwendung von DB-gebundenen Komponenten übernimmt dieses Kopieren der DBNavigator.

(4) Drei Möglichkeiten zum Zugriff auf ein Feld im aktiven Satz:
1. Die FieldByName-Eigenschaft gibt Zugriff über den Namen des Feldes. Die Konvertierungsfunktionen AsString, AsFloat, AsInteger, AsDateTime bzw. AsBoolean wandeln das Datenformat entsprechend um.
2. Die Array-Eigenschaft Fields[n] liefert die Tabellenspalte n im aktiven Satz, wobei die Spalten bzw. Felder ab 0 gezählt werden.
3. Delphi erlaubt folgende Kurzschreibweise zum Zugriff auf ein Feld:
```
EditKName.Text := Table1.FieldByName('KName'); {Lesen lang}
EditKName.Text := Table1['Name'];               {Lesen kurz}
Table1['Name'] := EditKName.Text;               {Schreiben kurz}
```

Datenmanipulation "Anzeigen eines Satzes" über Suchschleife

```
Procedure TFormKTabell3.ButtonSuchenClick(Sender: TObject);
Var KNameSuch: String; Gefunden: Boolean;
Begin
  Gefunden := False; Table1.First      {Erster Satz aktiv}
  KNameSuch := EditKNameSuch.Text;     {Eingabe Suchbegriff}
  While Not (Table1.EOF Or Gefunden) Do  {Leseschleife der Tabelle}
    If Table1.FieldByName('KName').AsString = KNameSuch
      Then Gefunden := True
      Else Table1.Next;
  If Gefunden                          {Ausgabe Suchergebnis}
    Then PufferInForm
    Else ShowMessage(KNameSuch + ' nicht gefunden');
End;
```

Datenmanipulation "Ändern des Satzes" mittels Edit und Post

```
Procedure TFormKTabell3.ButtonAendernClick(Sender: TObject);
Begin
  Table1.Edit;               {(1) Felder können geändert werden}
  FormInPuffer;              {(2) Felder in Puffer übertragen}
  Table1.Post                {(3) Puffer in Tabelle +übertragen}
End;
Procedure TFormKTabell3.FormInPuffer;
Begin
  Table1.FieldByName('KNr').AsString := EditKNr.Text;
  Table1.Fields[1].AsString := EditKName.Text;
  Table1['KUmsatz'] := StrToFloat(EditKUmsatz.Text);
  Table1.FieldByName('KTyp').AsInteger := RadioGroup1.ItemIndex;
End;
```

(1) Die Edit-Methode versetzt die Tabelle in den Editieren-Status. Nun lassen sich die Felder des aktiven Satzes im Puffer bearbeiten bzw. ändern
(2) Die Inhalte der Editfelder (siehe Bild 5-4) in den Puffer übernehmen.
(3) Die Post-Methode kopiert den aktiven Satz vom RAM-Puffer in die Tabelle und versetzt die Tabelle in den Browse-Status.

Datenmanipulation "Hinzufügen eines Satzes" mittels Append

```
Procedure TFormKTabell3.ButtonHinzufuegenClick(Sender: TObject);
Begin
  Table1.Append;                        {(1) Satz anhängen}
  EditKNr.Text := ''; EditKName.Text := '';  {(2) Leersatz anzeigen}
  EditKUmsatz.Text := '0'; RadioGroup1.ItemIndex := 0;
  EditKNr.SetFocus;                     {zwecks Tastatureingabe}
End;
```

(1) Satzzeiger hinter den letzten Satz setzen und einen neuen, leerenSatz im Puffer anhängen. Tabelle in den Einfügen-Zustand (Bild 5-5) bringen.
(2) Editfelder auf der Form leer anzeigen.

5 Datenbankprogrammierung 81

Datenmanipulation "Löschen des aktiven Satzes" mittels Delete

```
Procedure TFormKTabell3.ButtonLoeschenClick(Sender: TObject);
Begin
  If MessageDlg('Aktiven Satz löschen?', mtConfirmation,
              mbYesNoCancel,0) = mrYes
    Then Begin
          Table1.Delete;                   {(1) Satz entfernen}
          ShowMessage('Satz gelöscht. 1. Satz anzeigen');
          Table1.First; PufferInForm;      {(2) Ersten Satz anzeigen}
         End
End;
```

(1) Delete-Methode löscht den aktiven Satz aus der Tabelle, erhöht den Satzzeiger um 1 und wechselt in den dsBrowse-Status.
(2) Hier programmiert: Zum 1. Satz wechseln.

Fünf Zustände der geöffneten Tabelle (Table bzw. Query)

Die unter Delphi als TTable-Objekt (Tabelle) oder TQuery-Objekt (Abfrage) verwaltete Datenmenge kann über entsprechende Methoden in folgende Zustände (Modi) versetzt werden:

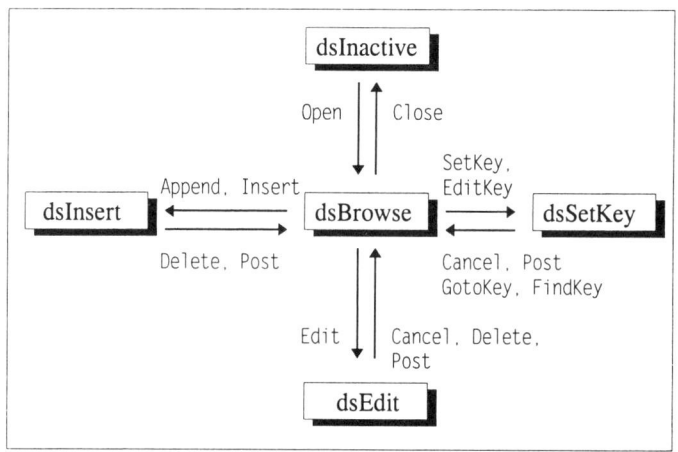

```
                          ┌──────────┐
                          │ dsInactive│
                          └──────────┘
                         Open ↕ Close
                                            SetKey,
                 Append, Insert             EditKey
        ┌────────┐  ←──────   ┌──────────┐   ──────→  ┌─────────┐
        │ dsInsert│           │ dsBrowse │            │ dsSetKey│
        └────────┘  ──────→   └──────────┘   ←──────  └─────────┘
                 Delete, Post                Cancel, Post
                                             GotoKey, FindKey
                              ↕
                         Edit ↕ Cancel, Delete, Post
                          ┌──────────┐
                          │  dsEdit  │
                          └──────────┘
```

Bild 5-5: Fünf Zustände der Tabelle einer Datenbank gemäß DataSource1.State

– *Browse-Zustand:* Standardzustand nach dem Öffnen: Nur Lesen möglich.
– *Insert-Zustand:* Ein neuer Satz (neue Zeile) kann hinzugefügt werden.
– *Edit-Zustand:* Der aktive Satz (aktive Zeile) im RAM-Puffer läßt sich ändern bzw. bearbeiten. Zustände anzeigen siehe Bild 5-6.
– *SetKey-Zustand:* Über einen Index kann gesucht werden.
– *Inactive-Zustand:* Die Tabelle (Table bzw. Query) ist geschlossen.

5.3 Zugriff kombiniert

Problemstellung zu Unit KTABELL4.PAS: Die beiden Zugriffsmöglichkeiten "datensensitive Komponenten" (DBNavigator1 oben; siehe auch Kapitel 5.1) und "direkte Programmierung" (Ereignisprozeduren unten; siehe Kapitel 5.2) kombinieren.

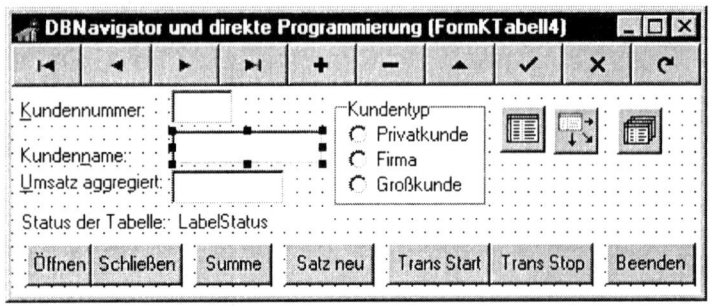

Bild 5-6: Form der KTABELL4.PAS von Projekt KDATEN.DPR zur Entwurfszeit (nicht-visuelle Komponenten Table1, DataSource1 und Database1 rechts)

1. Aliasname für Datenbank über Database1-Komponente

Der Objekttyp TDatabase (Bild 5-6 ganz rechts) unterstützt den Server, das Erzeugen von Aliasnamen und die Transaktionsverarbeitung.

```
Procedure TFormKTabell4.ButtonOeffnenClick(Sender: TObject);
Begin
  Database1.DatabaseName := 'Firma';              {(1) Aliasname}
  Database1.Params.Add('PATH=C:\GRIFFPAS');       {(2) Parameter für}
  Database1.Params.Add('DEFAULT DRIVER=DBASE');   {    den Alias}
  Table1.DatabaseName := 'Firma';
  Table1.TableName := 'Kunden';
  Table1.Open;
  DataSource1.DataSet := Table1;
  DBNavigator1.DataSource := DataSource1;
End;
Procedure TFormKTabell4.ButtonSchliessenClick(Sender: TObject);
Begin
  Table1.Close; Database1.Close;                  {(3) }
End;
```

(1) Firma als Alias angeben. Unter diesem lokalen Namen läßt sich die Datenbank dann im gesamten Projekt ansprechen.

(2) Unter Params die Parameter des Aliasnamens anpassen; alternativ durch Doppelklick auf Database1 den Eigenschafts-Editor aufrufen.

(3) Das Schließen von Database macht das Close der Tabellen überflüssig.

2. Transaktionsverarbeitung über Database1-Komponente

Eine Transaktion ist eine Folge von Anweisungen mit Datenbankzugriff, die sich (ähnlich einer Undo-Funktion) rückgängig machen läßt.

```
Procedure TFormKTabel14.ButtonTransStartClick(Sender: TObject);
Begin
  Database1.TransIsolation := tiDirtyRead;    {(1) }
  Database1.StartTransaction;                 {(2) }
End;
Procedure TFormKTabel14.ButtonTransStopClick(Sender: TObject);
Begin
  If MessageDlg('Änderungen übernehmen?', mtWarning, [mbYes,mbNo], 1)
         = mrYes
    Then Database1.Commit                     {(3) }
    Else Database1.Rollback;                  {(4) }
  Table1.Refresh;                             {gebundene Felder zeigen}
End;
```

(1) Nur mit diesem untersten Abschottungsgrad lassen sich Transaktionen auf lokale Datenbanken anwenden.
(2) Die **StartTransaction-Methode** startet eine Transaktion.
(3) Die **Commit-Methode** überträgt alle Anweisungen der aktiven Transaktion auf die Datenbank.
(4) Die **Rollback-Methode** macht alle seit dem letzten Commit an der Datenbank vorgenommenen Änderungen rückgängig.

3. Lesezeichen verwenden über ...Bookmark-Methoden

Die Position des Satzzeigers merken und später verwenden.

```
Procedure TFormKTabel14.ButtonSummeClick(Sender: TObject);
Var
  S: Real; AktiverSatz: TBookmark;            {Lesezeichen}
Begin
  Table1.DisableControls;                     {DB-Bindung abstellen}
  AktiverSatz := Table1.GetBookmark;          {(1) Satz merken}
  Try                                         {siehe Kapitel 4.2.3}
    Table1.First; S := 0;
    While Not Table1.EOF Do
    Begin
      S := S + Table1['KUmsatz'];
      Table1.Next;                            {(2) nächster Satz}
    End;
    ShowMessage('Summe der Umsätze: ' + FloatToStr(S));
  Finally
    Table1.GotoBookmark(AktiverSatz);         {(3) wieder alter Satz}
    Table1.FreeBookmark(AktiverSatz);         {(4) }
    Table1.EnableControls;                    {(5) }
  End;
End;
```

(1) **GetBookmark** speichert einen Zeiger auf den aktiven Satz.
(2) Die Umsätze aller Kunden(-sätze) aufsummieren und anzeigen. Nach Beenden der Leseschleife ist der letzte Satz aktiv.
(3) **GoToBookmark** aktiviert wieder den vor der Leseschleife aktiven Satz.
(4) **FreeBookmark** gibt den Speicher für das Lesezeichen wieder frei.
(5) Die Methode **DisableControls** deaktiviert alle DB-gebundenen Komponenten, damit diese bei der Leseschleife nicht mitlaufen (Flackern des Bildschirms, Verlangsamung der Programmsteuerung). EnableControls aktiviert die datensensitiven Komponenten wieder.

4. Einen kompletten Satz speichern über ...Record-Methoden

```
Procedure TFormKTabell4.ButtonSatzNeuClick(Sender: TObject);
Var
  Wahl: String[1]; KNr: String[4]; KNrVorhanden: Boolean;
Begin
  Repeat
    KNr := InputBox('','Neue Kundennummer?',''); {(1) Eingabezwang}
    Table1.First; KNrVorhanden := False;
    Repeat
      KNrVorhanden := KNr = Table1['KNr'];
      Table1.Next;
    Until Table1.EOF Or KNrVorhanden;
  Until Not KNrVorhanden;

  Wahl := InputBox('Neuen Satz','e)infügen oder a)nhängen?', 'e');
  If Wahl = 'e'
    Then Table1.InsertRecord([KNr, '', 0.00, 0])  {(2) }
    Else Table1.AppendRecord([KNr, '', 0.00, 0]); {(3) }
End;
```

(1) Wiederholt zur Eingabe einer Kundennummer auffordern, bis eine neue Nummer vorliegt (KNr als Schlüsselfeld muß einmalig in der Tabelle sein).
(2) InsertRecord([Werte-Array]) fügt in nur einer Anweisung einen kompletten Datensatz mit den im Werte-Array angegebenen Spaltenwerten hinter den derzeit aktiven Satz ein und ruft implizit eine Post-Methode auf. InsertRecord entspricht der Insert-Methode.
(3) AppendRecord([Werte-Array]) hängt den Satz an das Ende der Tabelle an. AppendRecord entspricht der Append-Methode.

SetFields([Werte-Array]) setzt dementsprechend Werte in die Felder. In das Feld Table1['KUmsatz'] als neuen Wert 12000 DM speichern, die anderen Feldinhalte unverändert lassen:

```
Table1.Edit;                          {Editieren-Zustand an}
Table1.SetFields([Nil, Nil, 12000]);  {Nil als Platzhalter}
Table1.Post;                          {in Tabelle speichern}
```

5 Datenbankprogrammierung

5. Die Funktionalität von DBNavigator1 ergänzen

Einerseits steuert der Navigator alle vier Datenmanipulationen *Anzeigen, Löschen, Hinzufügen* und *Ändern*. Andererseits läßt sich die Funktionalität des Navigators durch direkte Programmierung beliebig erweitern. Zwei Beispiele hierzu:

```
Procedure TFormKTabell4.DBNavigator1Click(Sender: TObject;
                                         Button: TNavigateBtn);
Begin
  If Button In [nbEdit, nbInsert] Then DBEditKNr.SetFocus;
  If Button = nbInsert Then Table1['KUmsatz'] := 0;
End;
```

6. Den Status der Datenbank anzeigen und verwenden

Die fünf möglichen Zustände der Datenbank (siehe Bild 5-5) über das StateChange-Ereignis in einem Label auf der Form zeigen (Bild 5-6):

```
Procedure TFormKTabell4.DataSource1StateChange(Sender: TObject);
Var St: String;                                         {(1) }
Begin
  Case Table1.State Of                                  {(2) }
    dsBrowse:   St := 'Browse: Nur-Lesen';
    dsEdit:     St := 'Edit: Ändern in Puffer';
    dsInsert:   St := 'Insert: Puffer -> Disk';
    dsSetKey:   St := 'SetKey: Index-Suchen';
    dsInactive: St := 'Inactive: Geschlossen';
  End;
  LabelStatus.Caption := St;
End;

Procedure TFormKTabell4.FormClose(Sender: TObject;       {(3) }
                      Var Action: TCloseAction);
Begin
  If Table1.State In [dsEdit, dsInsert]                  {(4) }
    Then Begin
         Action := caNone;                               {(5) }
         ShowMessage('Zuerst Satz speichern oder verwerfen!');
         End;
End;
```

(1) Das StateChange-Ereignis tritt auf, sobald eine Methode den Zustand der geöffneten Tabelle geändert hat.

(2) Den jeweiligen Zustand abfragen und auf der Form anzeigen.

(3) Dieses Ereignis z.B. über Close in ButtonBeendenClick aufrufen.

(4) Wurde ein Satz geändert bzw. eingegeben und noch nicht gespeichert?

(5) Prozedur verlassen und über den DBNavigator1 entweder speichern oder aber alle Änderungen zurücknehmen.

5.4 SQL als Abfragesprache

Problemstellung zu Unit SQL.PAS: Über ein Memofeld eine beliebige SELECT-Abfrageanweisung eingeben und das Ergebnis der Abfrage über das Gitter DBGrid1 anzeigen lassen:

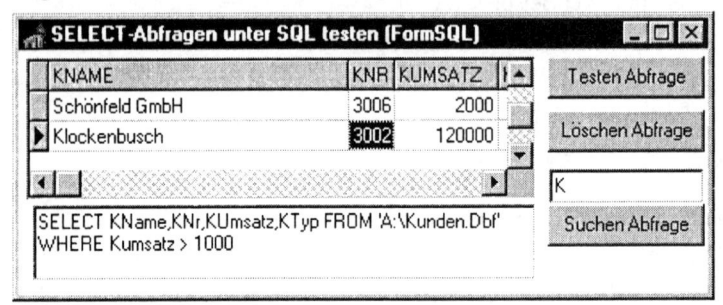

```
SELECT-Abfragen unter SQL testen (FormSQL)

KNAME                           KNR   KUMSATZ        Testen Abfrage
Schönfeld GmbH                  3006     2000
Klockenbusch                    3002   120000        Löschen Abfrage

                                                     K
SELECT KName,KNr,KUmsatz,KTyp FROM 'A:\Kunden.Dbf'
WHERE Kumsatz > 1000                                 Suchen Abfrage
```

Bild 5-7: Ausführung zu Unit SQL.PAS von Projekt KDATEN.DPR

Beliebige Abfragen testen

SQL bzw. *Structured Query Language* ist die am weitesten verbreitete Abfragesprache. SQL-Anweisungen über die Sql-Eigenschaft (Typ TStrings) des Objekttyps TQuery in Delphi einbinden.

```
Procedure TFormSQL.FormCreate(Sender: TObject);        {von SQL.PAS}
Begin
  DBGrid1.DataSource := DataSource1;    {(1) Verbindung zu DataSource}
  DataSource1.DataSet := Query1;        {(2) Schnittstelle zu Abfrage}
  {Query1.DataSource := bleibt leer für spätere Sql-Strings}
End;
Procedure TFormSQL.ButtonTestenClick(Sender: TObject);
Begin
  Screen.Cursor := crHourGlass;         {Mauszeiger als Sanduhr}
  Query1.Sql := Memo1.Lines;            {(3) }
  Try
    Query1.Open                         {(4) zeitaufwendig}
  Except                                {(5) }
    On EDbEngineError Do Raise;         {E=Error}
    On EDatabaseError Do Abort;         {
  End;
  Screen.Cursor := crDefault            {(6) Mauszeiger normal}
End;
```

(1) DBGrid1 über DataSource1-Komponente an die DB anbinden.
(2) DataSource1 erhält Information aus der Abfragekomponente Query1.
(3) Den in Memo1 eingegebenen SELECT-Befehl (der sich in Bild 5-7 über zwei Zeilen erstreckt) der Sql-Eigenschaft zuweisen. Query1.Sql wie auch Memo1.Lines sind vom Typ TStrings, deshalb Zuweisung direkt.

5 Datenbankprogrammierung **87**

(4) Die Open-Methde führt die Abfrage aus. Falls erfolgreich, dann das Abfrageergebnis automatisch über das datensensitive DBGrid1 anzeigen.
(5) Ausnahmefallbehandlung: Konnte die Abfrage nicht ausgeführt werden?
(6) Falls erfolglos wie auch erfolgreich: Den Cursor wieder normal erscheinen lassen.

Die Abfrage löschen bzw. schließen

```
Procedure TFormSQL.ButtonLoeschenClick(Sender: TObject);
Begin
  Memo1.Clear;         {Gesamten Inhalt des Memofeldes ausradieren}
  Query1.Sql.Clear;    {Die Sql-Eigenschaft (Typ TStrings) löschen}
  Query1.Close;        {Abfrage schließen}
  Memo1.SetFocus;      {Eingabe im Memofeld vorbereiten}
End;
```

Den SELECT-String zur Laufzeit zusammensetzen

Alle Datensätze der Kundentabelle anzeigen, die zum Beispiel mit dem Buchstaben "K" beginnen (siehe Bild 5-7).

```
Procedure TFormSQL.ButtonSuchenClick(Sender: TObject);
Var sSuch, sSql: String;
Begin
  sSuch := Edit1.Text;                                      {(1) }
  sSql := 'SELECT * FROM "A:\Kunden.Dbf" '                  {(2) }
  sSql := sSql + 'WHERE KName LIKE "' + sSuch + '%"';       {(3) }
  Query1.Sql.Add(sSql);                                     {(4) }
  Query1.Open;                          {oder: Query1.Active := True}
End;
```

(1) Suchbegriff aus dem Editfeld übernehmen.
(2) Innerhalb des SQL-Befehlsstrings ' ' oder " " paarweise verwenden. Stringverkettung über "*"-Operator. Leerzeichen beachten. Variablen wie hier sSuch müssen in Gänsefüßchen gesetzt werden.
(3) Platzhalter bzw. Joker "_" für ein beliebiges Zeichen oder "%" für eine beliebige Zeichenfolge angeben.
(4) Add-Methode fügt den kompletten SQL-Befehl im Query-Objekt hinzu.

```
SELECT <Auswahl der Spalten>            Felder (Projektion)
  FROM <Tabelle> [,<Tabelle] ...]       Quelle der Daten
  [WHERE <Suchbedingung>]               Auswahl (Selektion)
  [ORDER BY <Sortierfolge>]             Folge ASC oder DESC
```

Den Abfragestring aus einer Textdatei laden, da vom TStrings-Typ:
```
Query.Sql.LoadFromFile('C:\Abfrage3.Txt');
```

Die Kundentabelle nach dem Namen absteigend sortieren:
```
Query1.Sql.Add('SELECT * FROM Kunden.Dbf ORDER BY KName DESC');
```

Type Char = {ein Zeichen gemäß ASCII}
Vordefinierter Datentyp mit Char für Character bzw. Zeichen.
```
Var Zeichen: Char;              {Zeichen belegt 1 Byte im RAM}
WriteLn('d','?','$',' ')        {vier Char-Konstanten mit ' '}
```
Kontrollcode mit Caret (^G = Bell, ^J = LF, ^M = CR):
```
Write(^G,^G,^J,^M,^G);
```
Alternativ den Kontrollcode mit # und ASCII-Nr ausgeben:
```
WriteLn(#7, #7, #10, #13, #7);     {# Ascii-Nummern}
WriteLn(#$07, #$07, #$0A, #$0D, #$07);  {$ und Hex-Werte}
```

Const Konstantenname = konstanter Ausdruck;
Const leitet eine Konstanten-Vereinbarung ein, um dem Konstantennamen feste Werte zuzuweisen.
```
Const Mehrwertsteuersatz = 14;              {benannte Konstante}
Const Mwst = 14/100; Faktor = n/Zahl;       {Ausdrücke zuweisen}
```

Const Typkonstantenname: Typ = Anfangswert;
Eine Typkonstante (typed constant) als initialisierte Variable verwenden: Anfangswert in Const. Später lesen wie schreiben.
zugreifen. Const mit vordefinierten Typen (Beispiele):
```
Const                           {Const mit vordefinierten Typen}
  Minimum: Integer= -200;
  ZeileVor: Char = #13;
  ZeileNeu: String[2] = #10#11;
  Bezeichnung: String[30] = 'Clematis';
  Wort: Array[1..4] OF Char = ('B','o','n','n');
  Wort: Array[1..4] OF CHar = 'Bonn';        {identisch}
Type                {Aktuell mit benutzerdefinierten Datentypen}
  Monat = (Jan,Geb,Mar,Apr,Mai,Jun,Jul,Aug,Sep,Okt,Nov,Dez);
  Datum = Record Tag:1..31; Mon:Nonat; Jahr: 1985..2020 End;
Const Aktuell: Datum = (Tag:31; Monat:Aug; Jahr:1991);
```

TYPE Integer = -32768..32767;
Vordefinierter Datentyp für ganzzahlige Werte.

Integer-Typ:	Wertebereich:	Speicherplatz:
Byte	0 bis 255	1 Byte
Word	0 bis 65535	2 Bytes bzw.1 Wort
ShortInt	-128 bis 127	1 Byte
Integer	-32768 bis 32767	2 Bytes bzw. 1 Wort
LongInt	-2147483648 bis 2147483647	
	4 Bytes bzw. Doppelwort	

Fünf vordefinierte Integer-Typen von Pascal für ganze Zahlen

5 Datenbankprogrammierung **89**

Type Real = {reelle Zahl zwischen -2.9*1E-39 und 1.7*E+38}
Vordefinierter Datentyp Real für reelle Zahlen.
```
Var Betrag: Real;    {Für Betrag 6 Bytes Speicherplatz belegen}
  Betrag := 6E+13;   {Gleitkomma-Zuweisung (lies: 6 mal 10 hoch 13)}
```
Formatierte Ausgabe (8 Stellen gesamt, 2 Dezimal, 1 Stelle für ".", max. 99999.99, für größere Zahlen automatische Erweiterung):
```
WriteLn('Endbetrag: ',Betrag:8:2,' DM.');
```

Real-Typ:	*Wertebereich:*	*Genauigkeit:*
Real	2.9xE-39 bis 1,7xE38	11 bis 12 Stellen
Single	1.5xE-45 bis 3.4xE38	7 bis 8 Stellen
Double	5xE-324 bis 1.7xE308	15 bis 16 Stellen
Extended	1.9xE-4951 - 1.1xE4932	19 bis 20 Stellen
Comp	-9.2xE18 bis 9.2xE18	18 bis 19 Stellen

Fünf vordefinierte Real-Typen von Pascal für Zahlen mit Nachkommastellen

Record
  Feld1:Typ1; Feld2: Typ2; ...; Feldn:Typn;   **invarianter Teil**
  [Case variante Felder End;]   **varianter Teil**
End;
Datenstruktur Record als Verbund von Komponenten, die verschiedene Typen haben können. Typdeklaration implizit über Var (kürzer) oder explizit über Type.
```
Var                      {ArtRec mit impliziter Typvereinbarung}
  ArtRec: Record
          Bezeichnung: String[35];
          Lagerwert:   Real;
        End;
```
Variable ArtRec mit expliziter Typvereinbarung (Vorteil: der Record kann als Parameter übergeben werden):
```
Type                     {Record-Datentyp explizit deklariert}
  TArtikelsatz = Record
              Bezeichnung: String[35];
              Lagerwert:   Real;
            End;
Var ArtRec: TArtikelsatz;   {Recordvariable definieren}
```
Die With-Anweisung ermöglicht es, den Bezeichner der Recordvariablen wegzulassen. Zwei identische Zuweisungen:
```
ArtRec.Name := Lagerwert := 100;      With ArtRec Do
                                         Lagerwert := 100;
```
Im varianten Teil (stets als letzte Record-Komponente) zusätzliche Felder in Abhängigkeit eines Selektor-Feldes auswählen.

```
ArtRec1 = Record              {Variante Bestellt mit zwei Feldern}
  Bezeichnung: String[35];    {oder nur einem Feld}
  Lagerwert:   Real;
  Case Bestellt: Boolean Of True: (Bestelldatum: STRING[8];
                                   Bestellmenge: Integer);
                          False: (Lagermenge: Integer);
End;
Case Stand: String[5] OF 'ledig': ();
                         'sonst': (GebName: STRING[25]);
End;                          {Stand mit einem / keinem Feld}
```

String[Maximallänge] bzw. String;
Datenstruktur String für Zeichenkette (Ziffern, Buchstaben, Sonderzeichen vom Char-Typ) mit einer Maximallänge von 255 Zeichen vereinbar (Standardlänge 255 Zeichen).

```
Type Stri50 = String[50]; Var s: Stri50;   {Stri50-Typ verwenden}
i := 6; WriteLn(s[i]);                     {6. Zeichen lesen}
```

Type Datentypname = Datentyp;
Mit Type den Wertebereich und die Operationen für Variable bzw. Objekt festgelegen. Sechs Klassen von Datentypnamen:

1. Type zur Deklaration von einfachen Datentypen
Ordinale Datentypen (abzählbar viele Elemente): Boolean, Char, Integertypen (Byte, Integer, LongInt, ShortInt, Word), Aufzähltypen und Teilbereichstypen. Funktionen Ord, Pred, Succ, Low und High anwendbar. Siehe Integer oben.
Realtypen als Untermenge der reellen Zahlen (Real, Comp, Single, Double und Extended). Siehe Real oben.

2. Type zur Deklaration von String-Typen
Zeichenkette mit dynamischer Länge, dem ein Speicherbereich konstanter Größe (1 und 255 Zeichen) zugewiesen ist.
- Normaler Pascal-String und null-terminierter String siehe Unit Strings.
- Offener String-Parameter mit OpenString.

3. Type zur Deklaration von strukturierten Datentypen
a) Array-Typen (Array) mit festgelegter Anzahl von Komponenten des gleichen Typs: *Array[0..x] OF Char* als nullbasierender Zeichenarray zur Speicherung null-terminiertes Strings (siehe Strings-Unit).

```
Type TAbsatz = Array[1..6] Of Real;      {6-Elemente-Array-Typ}
Var Woche1, Woche2: TAbsatz;             {zwei Variablen}
For i := 1 To 6 Do Woche1[i] := 0;       {6 Werte initialisieren}
Woche1[5] := 200.5;                      {Zugriff auf Element 5}
```

5 Datenbankprogrammierung **91**

- *Array Of T* als offener Array, um unabhängig von der Komponentenanzahl an die gleiche Prozedur übergeben zu werden.
b) Record-Typen (Record) mit festgelegter Anzahl von Komponenten, die verschiedene Typen haben können. Siehe Record oben.
c) Mengen-Typen (Set Of).
   Var n: Set Of 1..3; {Grundmengentyp Integer; Mengenoperator In}
d) Datei-Typen (File, File Of, Text).

4. Type zur Deklaration von Zeiger-Typen
Ein Zeigertyp definiert eine Menge von Werten, die auf dynamische Variablen (^, Nil) des festgelegten Grundtyps zeigen. Siehe New, Ptr und @-Operator.
- *Pointer* als Standardtyp: Untypisierter Zeiger, der auf keinen bestimmten Variablentyp zeigt und wie NIL zu allen Zeigern kompatibel ist.
- *PChar* als Zeiger auf einen null-terminierten String (siehe Strings-Unit).

5. Type zur Deklaration von Prozedur-Typen
Prozeduren und Funktionen als Objekte des Programms, nicht aber als fester Teil des Programms. Prozedurvariablen (Procedure, Function) speichern nicht nur die Adresse einer Routine, sondern auch die Parameter und die Ergebnistypen.

6. Type zur Deklaration von eigenen Objekttypen (Klassen)
Objekttyp mit Class und Objekt (Instanz) mit Create definieren. Objekt freigeben mit Free. Siehe Verzeichnis 3-4 (Kapitel 3.3.2).

Vier Möglichkeiten zur Deklaration benutzerdefinierter Datentypen
1. Umbenennen (den vordefinierten Typ Integer umbenennen):
   TYPE GanzeZahl = Integer;
2. Abkürzen (Umsatztyp und Variablen dieses Typ vereinbaren):
   Type Umsatztyp = Array[1..31] OF Real;
   Var USued, UNord, UWest: Umsatztyp;
3. Einen zusätzlichen Datentyp durch Aufzählung definieren:
   Type Tag = (Mo,Di,Mi,Don,Fr,Sa,So);   {7 Eleme nte aufzählen}
4. Einen zusätzlichen Datentyp durch Teilbereichsangabe definieren:
   Type Artikelnummer = 1000..1700;   {Teilbereich von Integer}

Var Variablenname: Datentypname;
Mit Var den Vereinbarungsteil für Variablen einleiten. Reihenfolge von Var, Label, Const, Type, Procedure und Function ist beliebig.
   Var Preis:Real; Ein:Char;   {Zwei Variablen deklarieren}
   Var sl: Array[0.20] Of Char;   {null-terminierter String}

Verzeichnis 5-2: Vordefinierte und benutzerdefinierte Datentypen von Pascal

Verzeichnisse und Dateien

Verz	Inhalt	Seite
1-1	Routinen zur Ein-/Ausgabe über Dialogfelder	9
1-2	Grundlegende Komponenten für die Formulare von Delphi	12
2-1	Reservierte Wörter von Object Pascal	25
3-1	Eigenschaften, Methoden und. Ereignisse von Objekttyp Tcontrol	40
3-2	Methoden für die Canvas-Zeichenfläche	46
3-3	Eigenschaften für die Canvas-Zeichenfläche	47
3-4	Methoden für benutzerdefinierte Objekte	55
3-5	Hierarchie der Klassen (Objekttypen) von Delphi	58
4-1	Methoden zum Manipulieren der Stringeinträge einer Liste	61
4-2	Funktionen und Prozeduren zur Stringverabeitung	73
5-1	DB-gebundene Komponenten als visuelle Objekte	77
5-2	Vordefinierte und benutzerdefinierte Datentypen von Pascal	88

Verzeichnisse des Buchs zum Nachschlagen

PAS	DPR	Seite
ErstUnit	ErstProj	2
Benzin1	Benzin	4
Benzin2	Benzin	6
Benzin3	Benzin	7
Ereig1	Ereignis	10
Ereig2	Ereignis	11
Auswahl	Struktur	14
Schleife	Struktur	19
Prozedur	Routine	27
Funktion	Routine	32
Ereig3	Ereignis	34
Drag1	Objekte	37
Grafik1	Objekte	41
Grafik2	Objekte	42

PAS	DPR	Seite
Grafik3	Objekte	44
Grafik4	Objekte	48
Grafik5	Objekte	51
Grafik6	Objekte	53
Kliste	Listen	62
Kliste1	Listen	64
	KListe.TXT	64
Kliste2	Listen	70
Ktabell1	KDaten	74
	Kunden.DBF	74
Ktabell2	KDaten	75
Ktabell3	KDaten	78
Ktabell4	KDaten	82
SQL	KDaten	86

PAS-Dateien (Units) und DPR-Dateien (Projekte) des Buchs mit den Beispielen

PAS Textdatei mit dem Pascal-Code einer Form. Die zugehörige DFM-Datei enthält das Formulardesign als Binärdatei.

DPR Textdatei mit den Namen aller PAS- bzw. DFM-Dateien.

Sachwortverzeichnis

' ' (Leerstring) 3
" (für SQL) 87
##.## (Format) 6, 13, 22
& (FocusControl) 7, 64
. (Geltungsbereich) 29, 36, 52
:= 5, 86
~PA (Sicherungsdatei) 60
; (Trennung) 15
['Feldname im Datensatz'] 79

Abbrechen (Prozedur) 35
Abfrage 81, 86 f.
Ablaufstrukturen 14 f.
Abweisende Schleife 19
Accept 38
Action 85
Activate 10
Active (Table) 76
Add (Stringliste) 71, 87
Aktiver Satz 79
Aktueller Parameter 30
alClient (Align) 44
Alias (Datenbank) 82
Align 44
Ändern (Datensatz) 74, 80
Anweisungen (Transaktion) 83
Anzeigen (Datensatz) 74, 79
Append (Datensatz) 80
AppendRecord 84
Application (Objekt) 56
Arc 46
Argument 30
Array 63, 79, 84, 90
As (Objekttyp) 38, 40
AssignPrn 69
AsString (Konvertierung) 79
Aufruf (Prozedur ruft Proz.) 30
Aufrufen (Ereignisprozedur) 6
Aufzählungstyp 44, 91
Ausblenden-Regel 31, 36

Ausführungsstart 4
Ausgabe (Dialogfelder) 9
Ausgabe formatieren 6
Auskommentieren 18
Ausnahmefallbehandl. 66, 68, 87
Auswahlstrukturen 14 f.
AutoSize (Image) 48

Bedienfeld 6
Beenden (Prozedur) 35
Begin-End-Block 15
Bereich (bildlauffähig) 44
Bereichs-Datentyp 91
Bewegen (mit Maus) 42
Bezeichner (Geltungsbereich) 35
Bezeichner (gleichnamig) 31
Bibliotheks-Prozedur 30
Bibliotheks-Units 27
Bildfeld (Image) 42, 53
Bildlauffähiger Bereich 44
Bildlaufleiste 13
Binärdatei (DFM, EXE) 60
BitBtn 56
Bitmap 48
BLOB-Daten 77
Blockanweisung 15
BOF 79
Bookmark 83
Boolean 15
Boolean-Funktion 8
Bounded Components (DB) 78
Bounds 50
Brush (Pinsel) 47
Button 2, 12
By Reference 31
By Value 31, 32

Cancel 6
Canvas (Printer und Image) 69
Canvas (Zeichenfläche) 41, 42, 47

Caption 15
Case-Else-End 16
Cells[s,z] 20
Change 10, 11
Char und String 17
CheckBox 17, 46
Chord 46
Chr(13) 11
Class 27, 52
Clear (Memo, SQL) 22, 87
Click (auf Menüpunkt) 65
Click 3
Client (Komponente) 44
Close (DB) 78, 87
Close 7, 82
clRed (Farbe) 3, 18, 47
Codefenster speichern 4
colCount 19
Color 3, 18
Columns 18
ComboBox 23
Commit (Transaktion) 83
Compilieren 56, 60
Const 8, 88
Container (mehrere) 44
Container 6
Controls abschalten 83
Copy 17, 63, 73
CopyRect 46, 50
Count (Stringliste) 61
Create 50, 52, 71
CreateForm 56
CrLf 8
Cursor (Satzzeiger) 79

Database 82
DataField 76
DataSet 76
DataSource 75, 76, 82
Datei öffnen-Dialog 49
Dateiname (OpenDialog) 48
Datenbank (fünf Zustände) 81
Datenbank 74 f.
Datenfelder (Objekt) 55

Datenkapselung 53
Datenmanipulationen 74, 78
Datensatz (in DB) 74 f.
Datensatz (in Liste) 62
Datensatzlänge (fest, var.) 62, 71
Datensensitive Kompon. 78, 84
DB 74, 84
dBASE 76
DB-gebundene Komponente 77
DBGrid 74, 77, 86
DBNavigator 74, 77, 82, 84
DCU 57, 60
Default 6, 19
Deklarationen (Unit) 26, 53
Delete (ComboBox, DB) 24, 63
Delphi (Funktion, Prozedur) 34
Destroy 72
Destruktor (Free) 33, 77
Dialog OpenDialog 48
Dialogelemente 40
Dialogfelder 7 f.
DirectoryListBox1 12
DisabledControls 83
DIV 18
dmAutomatic (DragMode) 37
DownTo 23
DPR 57, 60
Drag and Drop 37
Draw 46
Drucken 50, 69
dsBrowse 81
dsDragEnter 38
Dynamisch (Objekt) 52

Edit (als Parameter) 35
Edit (Datenbank) 80
Edit (Kompon.) 2, 12, 84
Editieren (Text) 22
Editor (Database-Eigenschaft) 82
Editor (Menü) 64
Eigenschaften (in TControl) 40
Eingabe (Dialogfelder) 9
Eingabe Editfeld (String) 5
Ellipse 46

Sachwortverzeichnis **95**

Else 15
EnableControls 83
Enabled 17
EndDrag 39
Endlos-Ereigniskette 11
Entwurfszeit 3, 84
EOF 79
EPrinter (Druckerfehler) 68
erben (Objekte) 52, 54, 56
Ereignisfolge 10, 11
Ereignisprozedur 3, 29
Ereignisse (TControl) 9, 40
Event Handler 28
Except-Block 66
Exceptions 68, 87
Exchange (ListBox) 25
EXE 57, 60
Execute (Dialog) 49
Exit 35

Farben 18, 47
Fehler (Errors) 68
Felder (Datensatz) 74, 84
FieldByName 79, 80
Fields[n] 79
FileListBox1 12
Finally 68
FindKey 81
FixedCol 21
Flag 43
FloatToStr 5
FloodFill 46
FocusControl 7
Fokus 7
Font (Schrift) 47, 69
For 23
Form (Objekttyp) 27
Format (Ausgabe) 63
FormClose 85
FormCreate 6, 71
FormDestroy 72
Formfenster speichern 4
FormFloat 6
Formglobal 31, 36

Forms (Unit) 27
Free (Objekt) 53, 72
FreeBookmark 83
Funktion (Geltungsbereich) 36
Funktion wie Prozedur 34
Funktionen 32 f.

Geltungsbereich 35
Geltungsbereich vergrößern 36
Gemeinsame Ereignisproz. 30, 65
Gitternetz 19
Global (Routine) 36
global (Unit oder Projekt) 45
GotoBookmark 83
Grafik drucken 69
Graphic 50
GroupBox 12, 37
Gruppieren (Optionen) 18

Halt 7
HasFormat 50
Hauptform (Startform) 7, 57
Heap (Instanzen) 52
Hierarchie der Klassen 58
Hint (in Menü) 64
Hinzufügen (Datensatz) 74, 80

IDAPI 76
IDE von Delphi 2
If-Then 15
Image 12, 42, 44
Implementation 26, 29, 52
In [Menge] (als Operator) 85
Index (Datenbank) 81
IndexOf 23
Indizierung 71
Initialisierte Variable 33, 66
Initialization (Unit) 26, 29
Initialize 56
InputBox 8, 22
InputQuery 8
Insert (ListBox) 24
Insert (Stringverarb.) 73
InsertRecord 84

Instantiierung 56
Instanz 28, 52, 71
Integer 5, 88
Interface (Unit) 26, 28, 45, 52
Is Objekttyp 39
ItemIndex 18
Items.Add 18
Items.IndexOf 24

Kapselung (Objekte) 53
Key...-Ereignisse 10
KeyPress 11
Klasse 52, 71, 91
Klassen von Delphi 58
Klassenhierarchie 56
Kommentar 18
Komponente (als Objekt) 56
Komponente (Parameter) 34, 38
Komponenten (abschalten) 83
Komponentenpalette 2
Komponente Edit (Parameter) 35
Konstante (init. Variable) 66
Konstanten 8
Konstantenparameter 32
Konstruktor (Create) 52, 71
Kontextmenü 64
Kontrollkästchen 17
Konvertierungsfunktion 79
Koppelt (Komponenten) 39

Label 2, 12, 40
Laden (BMP-Datei) 50
Laden (Datei in Stringliste) 67
Left 18, 61
Length 15, 73
Lesen (Satz aus DB) 79
Lesezeichen 83
Lines (Stringliste) 61
Lines.Add (Memo) 22
Lines[0] 22
LineTo 41, 46
ListBox 13, 62, 70
ListBox1.Items.Add 10
Liste (TStrings) 61 f.

Liste drucken 69
LoadFromFile 48, 61, 67, 72
lokal 36, 72
LookUpList 77
Löschen (Datensatz) 74, 81
Löschen (Instanzvariable) 28
Löschen (Memofeld) 22

MainMenu 13, 64
Manipulation (in DB) 78
Maustaste 41 f.
mbYes, mbNo 9
Mehrseitige Auswahl 16
Memo 13, 21, 70
Mengentyp 89, 91
Menü (Komponente) 64
MessageDlg 9
Methode (Ereignisprozedur) 29
Methode (Geltungsbereich) 36
Methode – Anweisung 15, 52
Methoden (Datenbank) 81
Methoden (für Canvas) 47
Methoden (in TControl) 40
modal (Fenster) 49
Mouse... 10
Move (ListBox) 25
MoveTo 41, 46
mtConfirmation 9
MultiLine (ListBox) 24

Namen (identisch) 31
Nebeneffekt 36
Nicht-abweisende Schleife 21
Nil 39, 84, 91
Not (Umschalter) 17

Objekt erzeugen 71, 51, 91
Objekte (benutzerdefiniert) 51 f.
Objektetabelle 2, 5, 62
Objektinspektor 2, 64
Objekttypen von Delphi 58
Objektvariable 50, 51
Öffentlich 26, 36
OnClick 3

Open (DB) 78, 87
OpenDialog 48
OPT (Optionendatei) 57, 60
Optionsfeld 13, 19
Ordinaler Typ 17

Paint 10
Panel 6, 13
Parameter "By Value" 31
Parameter (in Prozedur) 30, 50
Parameter (Komponente) 34, 40
Parameter (Sender) 29, 38
Parameter aktuell (Argument) 30
Params (Database) 82
PAS und DFM 57, 60
PAS und DPR 4, 57
Pascal (Schlüsselwörter) 25, 56
Pen (Stift) 48
Pie 46
Pinsel (Brush) 47
Point 43, 45
Polygon 47
Pos 63, 73
Position (TrackBar) 39
Post (Datenbank) 80, 84
Print (Form direkt) 69
Printer 50
Privat (Variable) 36
Private Deklarationen 26, 53
Program 56
Programmstrukturen 14
Projektdateien 4
Projekterstellung 2
Projektverwaltung von Delphi 56
Property 47
Protected 53
Prozedur (Benutzer, vordef.) 31
Prozedur (Geltungsbereich) 36)
Prozedur wie Funktion 34
Prozedurkopf 28
Prozedurschachtelung 30
Public 36, 53, 71
Published 53
Puffer (Datensatz) 79

Quellcode 57
Query (für SQL) 76, 86

RadioButton 13, 18
RadioGroup 18, 45, 62
Random 20
Real 5, 89
Record 74, 84, 89
Rectangle 47
Referenz-Übergabe (Param.) 31
Repeat-Until 21
RES (Resourcendatei) 57, 60
Reservierte Wörter (Pascal) 25
Resize 10
Result (Funktion) 34
Rewrite 69
Rollback (Transaktion) 83
Routine (Geltungsbereich) 36
Routinen 26
RowCount 19
Run (Projekt, Applikation) 56

Satzzeiger 79, 83
SaveDialog 49
SaveToFile 49, 61, 67
Schachtelung (If) 16
Schachtelung (Schleife) 20
Schalter True-False 17
Schleifen 19 f.
Schließen (Fenster) 7
Schlüsselwörter von Pascal 25
Schnittstelle (Objekt) 54
Schreiben (Satz) 79
Screen 86
ScrollBox 13, 19, 39, 44
SELECT 87
Selected (ListBox) 24
Sender (Ereignisprozedur) 27, 29
Set (Mengentyp) 91
SetFields 84
SetFocus 15
Shape 13
Show 10
ShowMessage 8, 19, 30

Sorted (CombBox) 24
Sortieren (über SQL) 87
Source (Objekt) 38
Speichern (Satz komplett) 84
Speichern (Stringliste) 67
Speicher-Streams (Übersicht) 67
Starten (Fenster) 7
Startformular 7
StartTransaction 83
State (Datenbank) 81
StateChange 85
Status (DB) 85
StdCtrls (Unit) 27
Stift (Pen) 41, 48
Str 73
Stream (Liste im Speicher) 67
StretchDraw 47
String und Char 17
StringGrid 13, 19, 21
Stringliste 61 f.
Strings (Items) 63
StrToFloat 5, 63
StrToInt 5, 52
Struktogramm 16
Style 23
Suchen (DB, Combo) 23, 80
System (Objekt, drucken) 69

Tabelle (Strings) 19
Table 75, 82
TabOrder 6
Tag 66
Target 39
TComponent 38
TControl 40
Temporäre Stringliste 72
Text editieren 22
Textdatei 60, 64, 69
Textfeld (Edit) 13
TextOut 41, 47
Textzeilen in RadioGroup 18
TForm (Klasse) 27
Timer 13, 51
TObject 38, 52

TrackBar 39
Transaktionsverarbeitung 83
Trunc 50
Try-Except 66, 68
Try-Finally 68, 86
TStrings (Objekttyp) 61
Type 89
Typisierte Konstante 33, 88

Übersetzen PAS – EXE 60
Umschalter True-False 17
Unit (Aufbau) 26, 28
Unterklasse 56
Until (Schleife) 21
Uses 27

Val 73
Values (RadioGroup) 76
Var (Variablen) 5, 91
Variablenparameter 31, 33
Variantteil (Record) 90
Verbergen (Objekt) 54
Vererbung 56
Vergleich (Fkt., Boolean) 34, 35
Visible 20

Werteparameter 31
While-Do 19
Width 18, 48
Wiederholungsstrukturen 19 f.
With 46, 89
WordWrap 19, 22

Zähler 20
Zählerschleife 23
Zeichnen (mit Maus) 42
Zeiger (Pointer) 84, 91
Zeilenumbruch 22
Zeitmesser 13
Zentrieren (Fenster) 18
Ziehen (Maus) 37
Zufallszahl 21
Zugriff (Datensatz) 79
Zuweisung 5, 86